职业教育产品设计与 3D 打印系列教材

U0182609

3D 打印技术及应用

组　编　未来三维教育科技（厦门）有限公司

主　编　黄军辉　兰　嵩

副主编　钱剑艺　陈颂阳

参　编　黄坤城　张春明　潘丹丹　陈　聪　黄　帆

　　　　康双扬　董晓倩　王　峰　王国斌　邹泽昌

机械工业出版社

3D打印（3D Printing，又称增材制造、积层制造）是一种以数字模型文件为基础，运用粉末状金属、塑料等可黏合材料，通过逐层打印的方式来构造物体的技术。本书详细介绍了3D打印知识、3D打印流程、3D打印机、3D打印材料、3D打印技术和3D打印后模型的处理，通过6个项目14个任务的学习，3D打印初学者能够快速掌握3D打印的基础知识及实际操作。

　　本书的配套工作手册，指导学生掌握3D打印的实际操作过程，与教材配合使用，达到教学过程的理实一体化。本书配有微课视频，扫描相应二维码即可观看。

　　通过超星学习通、天工讲堂教学平台，教师搜索"3D打印技术及应用"，可实现线上线下混合式教学。为了方便教学，编者制作了教学课件、微课视频、习题答案等配套教学资源，教师可以注册并登录机械工业出版社教育服务网（http://www.cmpedu.com/），搜索本书后，下载配套的教学资源。

　　本书可作为高职高专增材制造等相关专业的教材，也可作为相关爱好者的参考读物。

图书在版编目（CIP）数据

3D打印技术及应用 / 未来三维教育科技（厦门）有限公司组编；黄军辉，
兰嵩主编. —北京：机械工业出版社，2023.4
职业教育产品设计与3D打印系列教材
ISBN 978-7-111-72807-8

Ⅰ.①3… Ⅱ.①未… ②黄… ③兰… Ⅲ.①快速成型技术–
高等职业教育–教材 Ⅳ.①TB4

中国国家版本馆CIP数据核字（2023）第047726号

机械工业出版社（北京市百万庄大街22号　邮政编码100037）
策划编辑：宋　华　　　　　　责任编辑：宋　华　刘益汛　徐梦然
责任校对：张昕妍　周伟伟　　　封面设计：马精明
责任印制：单爱军
北京虎彩文化传播有限公司印刷
2023年6月第1版第1次印刷
184mm×260mm·11.75印张·187千字
标准书号：ISBN 978-7-111-72807-8
定价：45.00元

电话服务　　　　　　　　　　网络服务
客服电话：010-88361066　　　机　工　官　网：www.cmpbook.com
　　　　　010-88379833　　　机　工　官　博：weibo.com/cmp1952
　　　　　010-68326294　　　金　书　网：www.golden-book.com
封底无防伪标均为盗版　　机工教育服务网：www.cmpedu.com

前 言

随着我国国民经济的高速发展，产业结构逐步由劳动密集型向知识密集型转换，而知识密集型发展的核心动力是创新。"大众创业""草根创业"的新浪潮，形成"万众创新""人人创新"的新态势，吹响了建设世界科技强国的号角。推动一个国家、一个民族向前发展的重要力量始终是创新。创新是引领发展的第一动力。

在日常生活和工作中，人们在遇到问题、发现问题、分析问题、解决问题的过程中，常常会闪现创新的火花，激起创新的意念，但由于缺乏创新的方法与创新的工具，很多创新理念没有得到实施。因此，如何从创新理念成功发展到创新创业，创新平台的构建、创新工具的使用尤为关键。无论从设备到原材料，从技术到成本，增材制造（3D 打印）技术经过一段时间的发展日臻成熟，为广大创新者搭建了迈向成功的桥梁、展示风采的平台。

《3D 打印技术及应用》以项目引领、任务驱动的方式，不仅介绍了 3D 打印的类型、3D 打印材料，还介绍了 3D 打印设备的结构、原理与操作。《3D 打印技术及应用》不但介绍了塑料成型，而且结合行业技术的发展和企业岗位的进步，介绍了金属材料成型、混凝土材料成型。依据国家职业标准，《3D 打印技术及应用》系统、全面地阐述了 3D 打印技术的前处理技术：三维扫描、物理模型到数字模型的建立、图形缺陷处理等技术；后处理技术：3D 打印产品抛光、上色等技术，使读者能够掌握从 3D 设计、3D 打印到 3D 成品的完整工艺流程，达到授人以渔的目的。本书图文并茂，由浅入深，注重理论与实操结合，读者通过学习相关技术，掌握增材制造的相关技能，在知识海洋驾起风帆，驶向发明创新的彼岸！

本书由黄军辉、兰嵩担任主编，钱剑艺、陈颂阳担任副主编，参编人员有黄坤城、张春明、潘丹丹、陈聪、黄帆、康双扬、董晓倩、王峰、王国斌和邹泽昌。在编写过程中，本书得到了未来三维教育科技（厦门）有限公司等单位的大力支持，在此表示万分感谢。

由于水平及经验所限，如有疏漏之处，希望广大读者、专家、同行批评、指正。

编 者

二维码索引

序号	微课视频	二维码	页码	序号	微课视频	二维码	页码
01	回顾 3D 打印发展史		003	08	了解金属 3D 打印		098
02	了解 3D 打印应用领域		007	09	认知混凝土 3D 打印		108
03	解读 3D 打印流程		015	10	认知 3D 打印技术		118
04	体验 3D 打印流程		037	11	选择 3D 打印技术		122
05	了解 3D 打印机机型		053	12	去除模型支撑		141
06	选用 3D 打印机		059	13	抛光打印后模型		147
07	认识 3D 打印材料		078	14	上色打印后模型		154

目 录　　　　　　　　　　　　CONTENTS

项目 1
初识 3D 打印

项目导入

　　3D 打印（3D Printing，又称增材制造、积层制造）是一种以数字模型文件为基础，运用粉末状金属、塑料等可黏合材料，通过逐层打印的方式来构造物体的技术。

　　3D 打印常在模具制造、工业设计等领域被应用于制造模型，后逐渐应用于一些产品的直接制造，对传统的工艺流程、生产线、工厂模式、产业链组合产生深刻影响，是制造业具有代表性的颠覆性技术。

　　3D 打印常用材料有尼龙玻纤、耐用性尼龙、石膏、铝、钛合金、不锈钢、橡胶等材料。

　　小白是一名在校生，他选读的专业是增材制造，刚进校园的小白对这个未知的专业感到新奇，开学第一课上，3D 打印专业技术老师带他了解认识了这门课程。

学习目标

- 了解 3D 打印的发展史。
- 了解 3D 打印的应用领域。

- 了解 3D 打印的起源。
- 了解 3D 打印技术。

职业素养

- 具有批判性思维，能够大胆假设，小心求证，革新和试验与 3D 打印相关的新技术、设计、工艺和材料。
- 理解不同工艺、材料和 3D 打印技术之间的相互关系。
- 了解某个行业或者垂直领域（如汽车、航空、医疗等）的相关法规、材料应用、供应链和行业的发展趋势。
- 借鉴 3D 打印技术的发展历史，了解 3D 打印技术的创新点。

项目导图

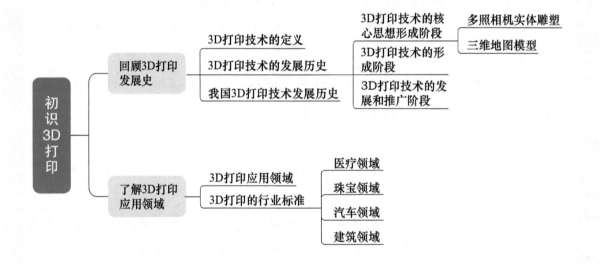

任务 1 回顾 3D 打印发展史

回顾 3D 打
印发展史

任务情景

小白同学

什么是 3D 打印技术？它应用于哪些行业呢？

> 3D 打印技术是以数字模型文件为基础，利用粉末状金属或塑料等可黏合材料，通过逐层打印的方式来构造物体的技术。3D 打印技术的应用范围很广，如汽车、航空航天等领域。

技术老师

小白同学

原来是这样，那您知道 3D 打印起源于什么时候吗？

> 当然知道啦，3D 打印技术起源于 19 世纪末美国研究的照相雕塑技术和地貌成型技术，到了 20 世纪 80 年代的后期已初有雏形了，它的学名为"3D 打印快速成型技术"，并且就在这个时候得到了发展和推广。跟着我一起来看看 3D 打印的发展历程吧。

技术老师

技术知识点

1. 3D 打印技术的定义

3D 打印（3D Printing，又称增材制造、积层制造）是一种以数字模型文件为基础，运用粉末状金属或塑料等可黏合材料，通过逐层打印的方式来构造物体的技术。

日常生活中普通打印机可以打印计算机设计的二维平面物品，而 3D 打印机与普通打印机的区别是，3D 打印机内装有金属、陶瓷、塑料、砂等不同的打印材料，打印机与计算机连接后，通过计算机控制可以把打印材料一层层叠加起来，最终把计算机上的蓝图变成 3D 物体。通俗地说，3D 打印机是可以打印出真实的 3D 物体的一种设备，如打印机器人、玩具车以及各种模型，甚至是食物等。之所以通俗地称其为打印机，是参照了普通打印机的技术原理，因为分层加工的过程与喷墨打印十分相似，所以这项打印技术也称为 3D 立体打印技术。

2. 3D 打印技术的起源

3D 打印技术的理念可以追溯到 19 世纪，这个是有记录可以考证的。从历史上看，快速成型技术（3D 打印技术）的核心思想最早起源于 19 世纪多照相机实体雕塑（Photosculpture）技术和三维地图模型技术。虽然 3D 打印技术起源很早，但是受限于当时的材料技术与计算机技术等众多学科，因此并没有实现广泛应用与商业化，随后技术的正式研究开始于 20 世纪 70 年代，直到 20 世纪 80 年代 3D 打印技术才得到了实现。

3. 3D 打印技术的发展

3D 打印技术的核心思想起源于 19 世纪末的美国，到 20 世纪 80 年代后期 3D 打印技术发展成熟并被广泛应用。1860 年，多照相机实体雕塑（Photosculpture）的专利被法国人 Franois Willème 申请。1892 年，一项采用层合方法制作三维地图模型的专利技术在美国登记。

1992 年，Stratasys 公司推出了第一台基于 FDM 技术的工业级快速成型打印机。

1993 年，美国麻省理工学院（MIT）的 Emanual Sachs 教授发明了三维打印技术。1995 年，美国麻省理工学院的两名学生 Jim Bredt 和 Tim Anderson 的毕业论文选题是便捷快速成型技术。两人把打印机墨盒里面的墨水替换成胶水，成功打印出了一些立体的物品。这是 3D 打印在学术上的首次成功尝试。

1996 年，3D Systems、Stratasys、Z Corporation 公司均各自推出了新一代的快速成型设备，此后快速成型便有了更加通俗的称呼——“3D 打印”。在此之前为研究领域所接受的名词是“快速成型”。

进入 21 世纪，3D 打印技术迅速发展。2005 年，Z Corporation 公司推出世界上第一台高精度彩色 3D 打印机 Spectrum Z510，3D 打印由此有了精致的色彩；2009 年，Bre Pettis 创立了著名的桌面级 3D 打印机公司——Maker Bot，并出售 DIY 套件，购买者可自行组装 3D 打印机，将 3D 打印技术进一步推广开来；2015 年，美国 Carbon 3D 公司发布一种新的光固化技术——连续液态界面制造（Continuous Liquid Interface Production，CLIP），利用氧气和光连续地从树脂材料中逐出模型，将 3D 打印速度提升了一个阶段，且可以使用部分生物材料。

任务实施

回顾 3D 打印技术的历史发展阶段

请同学们回顾 3D 打印技术的历史发展阶段，填写表 1-1。

表 1-1 3D 打印技术的历史发展阶段

阶段	时间	历史阶段技术进步
3D 打印技术的核心思想形成阶段	1860 年	多照相机实体雕塑的专利被法国人 Franois Willème 申请
	1892 年	三维地图模型的专利技术在美国登记
3D 打印技术的形成阶段	1992 年	Stratasys 公司推出了第一台基于 FDM 技术的工业级快速成型打印机
	1993 年	美国麻省理工学院（MIT）的 Emanual Sachs 教授发明了三维打印技术
	1995 年	利用便捷快速成型技术成功打印出立体的物品。这是 3D 打印在学术上的首次成功尝试
	1996 年	快速成型设备被推出，快速成型有了更加通俗的称呼——3D 打印
3D 打印技术的发展和推广阶段	2005 年	
	2009 年	
	2015 年	
	2015 年以后	

知识拓展

我国 3D 打印技术发展历史

1986 年，许小曙博士远赴美国求学，先后在 3D 打印龙头企业 DTM、Solid Concepts、3D Systems 担任技术总监，领衔研发了对制造业有革命性影响的 SLS 技术。1988 年，清华大学颜永年教授在美国 UCLA 访问期间首次接触 3D 打印，回国后开始专攻 3D 打印，在重型装备、3D 打印和生物制造领域科研成果显著，被业界誉为中国 3D 打印第一人。1992 年，清华大学颜永年教授研制出了国内第一台快速成型设备。1994 年，华中理工大学快速制造中心研制出国内首台基于 LOM 技术的样机。1995 年，西北工业大学大黄卫东团队开始金属 3D 打印研究。1997 年，西安交通大学卢秉恒团队研制出国内首台光固化快速成型机。1998 年，华中科技大学史玉升团队开始研究 SLS 和 SLM 技术；北京殷华开始销售设备。2000 年，上海联泰三维科技有限公司成立。2003 年，北京太尔时代科技有限公司成立。2009 年，湖南华曙高科技有限责任公司成立。2010 年，太尔时代在海外市场推出 UP! Plus 桌面级 3D 打印机。2011 年，西安铂力特激光成形技术有限公司成立。2012 年，北京航空航天大学王华明教授获国家技术发明一等奖；中国 3D 打印技术产业联盟成立。2013 年，3D 打印技术产业联盟在南京成立；杭州捷诺飞生物科技有限公司在拉斯维加斯消费电子展发布生物 3D 打印机。2014 年，湖南华曙的激光烧结设备在北美销售；国内桌面级设备厂商大量涌现。2015 年，蓝光英诺发布全球首创 3D 生物血管打印机；上海盈创与迪拜联手打造全球首栋 3D 打印办公楼；清华大学研发出可用于活细胞 3D 打印的 DNA 水凝胶材；西安铂力特帮助西安交通大学医学院第二附属医院顺利实施全国首例颈椎 3D 打印钢板。2016 年，中国首台空间站 3D 打印机完成抛物线失重飞行实验；神州 11 号飞船携 3D 打印机上天。

> **想一想**
>
> 纵观 3D 打印技术的发展过程，你认为哪一个环节起到了关键性的作用呢？

任务 2 了解 3D 打印应用领域

了解 3D 打印应用领域

任务情景

经过任务 1 中的介绍，你了解 3D 打印技术的发展历程了吗？

技术老师

小白同学

当然啦，3D 打印技术是在科学家的创新性思考与实践中逐步落地、完善的，我也要向他们学习，做一名勇于创新的技术人员。

我国 3D 打印的应用范围还挺广泛，那 3D 打印技术在具体的领域是怎么应用的？

以 3D 打印技术在航空航天领域的应用为例，为适应新时代国防、科技事业发展的需求，我国有关部门采取了多种措施来推动航空航天事业。在这个过程中，前沿技术所发挥的作用也得到了充分重视。3D 打印等新兴技术可以提高飞机零部件的制造工艺。跟着我继续往下了解吧。

技术老师

技术知识点

1. 3D 打印应用领域

3D 打印作为第四次工业革命的代表技术之一，对各产业产生了许多应用价值，越来越受到工业界和投资界的重视。目前投资 3D 打印技术研发的企业包含了空中巴士、阿迪达斯、福特、丰田等知名企业。2018 年全球有能力自主"研发与生产"3D 打印机的企业有 177 家，产业内的系统性玩家开始增加，意味着 3D 打印机的相关研发、制造技术趋于成熟。3D 打印技术的应用领域越来越广泛，3D 打印技术应用领域如图 1-1 所示。

交流和沟通用的模型
设计概念评估
造型和匹配的确认
安装验证
功能/性能测试
环境测试
设计保密
实验或教学用的模型
营销宣传和体验用的样品
快速模具
工装和夹具
直接数字化制造
消费品包装

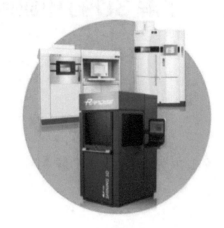

建筑模型
玩具、动漫和游戏角色
消费电子
航空航天应用的终端产品
汽车试制和改装件
收藏品和装饰品
鞋模和运动装备的验证品
快速模具、工装、夹具
熔模铸造的蜡芯
金属牙齿制造
珠宝制造

图 1-1　3D 打印技术应用领域

下面将具体介绍 3D 打印技术在医疗领域、珠宝领域、建筑领域和汽车领域的应用。

1）医疗领域。对于风险高、难度大的手术，医务工作者制定的术前规划十分重要。医务工作者可以借助 3D 打印机设备，将三维模型直接打印出来，这样可以辅助医生进行精准的手术规划，提高手术的成功率，也便于医务工作者与患者针对手术方案进行沟通和交流。医疗领域的 3D 打印产品如图 1-2a 所示。

2）珠宝领域。传统手工制作的珠宝行业需要经过锯锉、抛光等复杂的加工过程，加工程序繁多且复杂，设备、场地、材料、人力及时间成本较大。3D 打印在很大程度上代替了手工，减少了中间环节，大大缩短了工作时间。使用 3D 打印技术无须人工操作即可完成复杂的成型过程，不仅提高了首饰模型的制造效率，而且缩短了制造周期。珠宝领域的 3D 打印产品如图 1-2b 所示。

3）汽车领域。在汽车领域，3D 打印技术的优势十分明显。在成本上，它的应用使得汽车制造商可以小批量生产定制部件；在技术上，它给了设计师和工程师更大的自由，帮助他们实现复杂几何形状的创建和制造。目前 3D 打印技术在汽车领域的应用主要在动力总成、底盘系统、内饰以及外饰四个方面。汽车领域的 3D 打印产品如图 1-2c 所示。

4）建筑领域。工程师和设计师们已经接受了用 3D 打印机打印的建筑模型，这种方法快速、成本低、环保，同时制作精美，既合乎设计者的要求，又能节省大量材料。建筑领域的 3D 打印产品如图 1-2d 所示。

a)　　　　　　b)　　　　　　c)　　　　　　d)

图 1-2　不同领域的 3D 打印产品

此外，3D 打印技术还应用在航天领域、动漫领域、机械领域、教育领域等。

2. 3D 打印案例

3D 打印技术应用于各大行业领域当中，在各大行业领域中尽情地发挥它的魅力。现在只需一台 3D 打印机便可以随心所欲地打印出你喜欢的物品。下面是有趣的 3D 打印案例。

（1）3D 人像（图 1-3）

在微信朋友圈、微博、QQ 空间上，每一个人都在晒着自己的自拍照，如何让自己的自拍与众不同，利用 3D 打印技术制作 3D 人像就是最好的回应。

（2）食物（图 1-4）

图 1-3　3D 人像

图 1-4　食物

利用食品 3D 打印机，只需要把食物的材料和配料放入容器中，再输入模型，便可以烹饪出你想吃的食物了。

（3）文物（图1-5）

3D 打印技术可以完美地复制各种各样的文物，而且成本低廉，让更多的人能够亲手把玩这些文物复制品。其也可以作为教学用品，让学生对历史知识有更直观的认知，历史课就不会枯燥乏味了。

图 1-5　文物

任务实施

请同学们查找网络资料，寻找各个领域中应用 3D 打印技术的真实案例，填写表 1-2。

表 1-2　不同应用领域的 3D 打印实例

应用领域	3D 打印产品名称	产品简介
医疗领域		
珠宝领域		
汽车领域		
建筑领域		
____领域		

知识拓展

3D 打印行业标准

现行的可查询的 3D 打印行业标准为 11 项，见表 1-3。

表 1-3 3D 打印行业标准

序号	标准号	标准名称	实施日期	提出单位	归口单位
1	GB/T 37643—2019	熔融沉积成型用聚乳酸（PLA）线材	2020.1.1	全国生物基材料及降解制品标准化技术委员会	全国生物基材料及降解制品标准化技术委员会
2	GB/T 37642—2019	聚己内酯（PCL）	2020.1.1	全国生物基材料及降解制品标准化技术委员会	全国生物基材料及降解制品标准化技术委员会
3	GB/T 35351—2017	增材制造 术语	2018.10.1	中国机械工业联合会	全国增材制造标准化技术委员会
4	GB/T 35022—2018	增材制造 主要特性和测试方法零件和粉末原材料	2019.3.1	中国机械工业联合会	全国增材制造标准化技术委员会
5	GB/T 35021—2018	增材制造 工艺分类及原材料	2019.3.1	中国机械工业联合会	全国增材制造标准化技术委员会
6	GB/T 37698—2019	增材制造 设计要求、指南和建议	2019.6.4	中国机械工业联合会	全国增材制造标准化技术委员会
7	GB/T 37461—2019	增材制造 云服务平台模式规范	2019.12.1	中国机械工业联合会	全国增材制造标准化技术委员会、全国自动化系统与集成标准化技术委员会
8	GB/T 37463—2019	增材制造 塑料材料粉末床熔融工艺规范	2019.12.1	中国机械工业联合会	全国增材制造标准化技术委员会
9	GB/T 35352—2017	增材制造 文件格式	2018.10.1	中国机械工业联合会	全国增材制造标准化技术委员会
10	GB/T 14896.7—2015	特种加工机床 术语 第 7 部分：增材制造机床	2016.7.1	中国机械工业联合会	全国特种加工机床标准化技术委员会
11	GB/T 34508—2017	粉床电子束增材制造 TC4 合金材料	2018.5.1	中国有色金属工业协会	全国有色金属标准化技术委员会

当前所实行的 3D 打印行业标准，可大致分为 3 类。

第一类是 3D 打印设备标准，针对的是不同工艺的 3D 打印方式所产生的 3D 打印设备。例如 SLS、SLA、3DP、FDM，都会有各自独立的设备标准。

第二类是 3D 打印材料标准，针对的是专门用于 3D 打印的耗材，与 3D 打印专用设备相似，不同的材料对应不同的工艺。例如，FDM 技术的线材，在其他大部分增材制造工艺中基本无法应用。

第三类是 3D 打印相关软件及 3D 打印辅助应用标准，此处的相关软件指的是三维设计的相关软件以及针对不同 3D 打印设备的切片软件。其中的辅助应用指辅助 3D 打印成型的方式、后处理方式或辅助生成三维模型的应用及设备。

> **想一想**
>
> 为什么要制定 3D 打印行业标准？

⊙ 项目实践

技术老师演示 3D 打印技术应用工作手册的"项目 1 打印铁塔模型"，学生体验并记录计划实施的具体步骤，完成质量检查。

技术老师演示完成后，学生开展评价反馈，完成思考与练习。在实训成绩单中，进行自我评分、教师评分和学生评分。

项目总结

同学们通过本项目的学习，对 3D 打印技术有了深入的认识。3D 打印机是可以"打印"出真实的 3D 物体的一种设备，打印机与计算机连接后，通过计算机控制可以把"打印材料"一层层叠加起来，最终把计算机上的蓝图变成实物。3D 打印技术的应用领域包含医疗领域、珠宝领域、建筑领域、汽车领域等。

本项目应熟悉 3D 技术打印起源和历史进程，明确我国 3D 打印技术的发展，了解 3D 打印的应用领域以及我国的 3D 打印行业标准。

项目 2
认知 3D 打印流程

项目导入

　　小白同学对 3D 打印技术有了深入的认识后，对 3D 打印技术产生了浓厚的兴趣，迫切想了解 3D 打印的流程，拥有自己的第一件 3D 打印作品。于是，小白同学请教 3D 打印专业技术老师，准备打印自己的第一件 3D 打印作品。小白同学在请教技术老师前，查阅资料，了解了如下信息。

　　3D 打印是以计算机三维设计模型为蓝本，用软件将其分解成若干层平面切片，然后由数控成型系统利用激光束、热熔喷嘴等方式将粉末状、液状或丝状的材料进行逐层堆积黏结，最终叠加成型，制造出实体产品的物理实体技术。

　　3D 打印快速成型工艺主要成型原理有 SLA 激光光固化（Stereolithography Apparatus），SLS 选择性激光粉末烧结（Selected Laser Sintering）、FDM 熔融沉积成型（Fused Deposition Modeling）等。其中 FDM 技术的机械结构最简单，设计最容易，制造成本、维护成本和材料成本最低，是目前应用最广泛的 3D 打印技术。

学习目标

- 了解 3D 打印流程。
- 熟悉三维建模软件 UG 的基本建模过程。
- 了解各大模型网站。
- 体验模型切片与打印过程。

- 结合设计、增材应用以及实用性分析的知识，能够改变既有的流程，提高生产效率和降低成本。
- 懂得增材制造最核心的三维设计方法。
- 具有创造力，能够发现新应用，使用增材技术打印新零件，发明新的打印材料等。
- 具备分析和解决复杂问题的能力，能够综合考虑很多因素，制定3D打印流程的解决方案。

项目导图

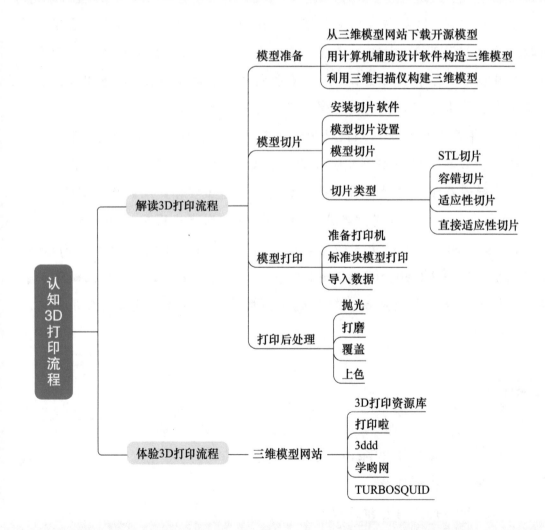

任务 1　解读 3D 打印流程

解读 3D 打
印流程

任务情景

技术老师

通过对 3D 打印技术的了解与演示，你是否跃
跃欲试，也想拥有一件自己的 3D 打印作品？

小白同学

可是，3D 打印是如何将虚拟模型变成实体模
型的？

技术老师

跟着我学习花瓶模型的制作与打印过程。相信
很快你就会有第一件 3D 打印作品了。

技术知识点

3D 打印的流程主要包括四个步骤：模型准备→模型切片→模型打印→打印
后处理，如图 2-1 所示。

图 2-1　3D 打印流程

一、模型准备

获取模型的途径有：从三维模型网站下载开源模型、用计算机辅助设计软
件构造三维模型、利用三维扫描仪构建三维模型等。

1. 从三维模型网站下载开源模型

互联网上有很多 3D 模型的网站，种类和数量都非常多，可以下载到各种

各样的 3D 模型，如三维模型下载基地（http://www.modxz.com/）和 3D 打印资源库（https://www.3dzyk.cn/），界面如图 2-2、图 2-3 所示，而且基本上都是可以用来直接进行 3D 打印的开源模型。

图 2-2　三维模型下载基地界面

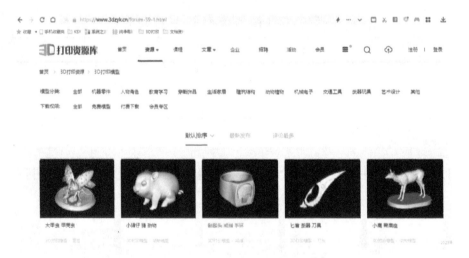

图 2-3　3D 打印资源库界面

2. 用计算机辅助设计软件构造三维模型

市场上有很多的 3D 建模软件，如 3DMax、Maya、AutoCAD 等软件都可以用来进行三维建模，另外一些 3D 打印机厂商也提供 3D 模型制作软件。常有的三维建模软件如下。

1）机械设计软件：UG、Pro/E、CATIA、Inventor、SolidWorks、ZW3D、CAXA 等。

2）工业设计软件：Rhino、Alias、AutoCAD 等。

3）CG 设计软件：3DMax、Maya、Zbrush 等。这些不能直接使用，但可以将 OBJ 文件转换为 STL 文件使用。

4）入门教学类软件：3D One、IME3D、123D Design、Fusion、Sketchup 类。

三维建模软件安装方便，从各自的官网下载软件包后（一般都有试用版、学习版、教育版等限时免费版本），可以很方便地安装在计算机上，要注意软件对不同计算机有 32 位和 64 位之分，有 Windows 系统和 iOS 系统区别，计算机最低配置要求等。SolidWorks 建模如图 2-4 所示。

图 2-4　SolidWorks 建模

3. 利用三维扫描仪构建三维模型

三维扫描仪原理是创建物体几何表面的点云（point cloud），这些点可用来插补成物体的表面形状，越密集的点云创建越精确的模型。

三维扫描仪分类为接触式（contact）与非接触式（non-contact）两种。接触式三维扫描仪通过实际触碰物体表面的方式计算深度，如坐标测量机就是典型的接触式三维扫描仪。非接触式三维扫描仪是指将额外的能量投射至物体，借由能量的反射来计算三维空间信息，常用的有激光测距式三维扫描仪。

利用三维扫描仪构建三维模型，需要用到三维扫描仪硬件设备和三维逆向建模软件，大多建模软件需要与设备匹配。手持激光式三维扫描仪构建三维模型如图 2-5 所示。

二、模型切片

3D 打印切片就是对三维模型数据处理过程的简称。3D 打印机配套有一个切片软件，这个切片软件就是对要打印的三维模型文件进行打印参数设置的软件，最终获

图 2-5　手持激光式三维扫描仪构建三维模型

得 3D 打印机可以识别的一种 G 代码文件，这个文件传输给 3D 打印机就可以打印了。

1. 安装切片软件

3D 模型打印前，需要进行模型切片。模型为什么要切片？为什么不能直接打印？通俗地说，切片就是将模型转换成 3D 打印机语言，使得 3D 打印机可以识别，只有识别成功才能发出打印命令。

切片软件是一种将数字三维模型转换成三维打印机可识别的打印代码，使三维打印机开始执行打印命令的软件。切片软件可以根据用户选择的设置，以 STL 等格式对模型进行水平切割，得到每个模型的平面图，并计算打印机需要消耗的材料和时间。然后，信息存储在 gcode 文件中并发送到用户的 3D 打印机。

针对桌面级 FDM 技术的切片软件工具很多，如先临 3dStar、Cura、Slie3r、KISSlicer、Custom Open、FlashPrint、Simplify3D、Makerbot print 等。现在大部分 3D 打印切片软件都做得不错，但是在用户定位和功能上有一些差异，有的软件是给入门用户的，所以很多参数的设定就会很简单，设定的选项也少，而有的软件是给专业用户使用的，能设定的参数选项会非常多，包括喷头温度、底板温度、速度、层厚、层间隙、材料直径等，还有的软件支持云切片、模型修复和设计，功能差异比较大。

先临 3dStar 支持 Win7 32bit/64bit、Win8、Mac OS X 操作系统。以先临 3dStar 软件为例，安装步骤如下。

1）Windows 操作系统打开 3dStar.exe，启动应用程序。

2）等待自动连接成功。当有多台设备连接时，或者状态灯显示为灰色，用户可以通过"工具"→"选择设备"菜单来指定默认设备，如图 2-6 所示。

3）选择串口，如图 2-7 所示。

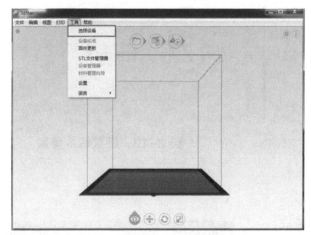

图 2-6　选择设备

图 2-7　选择串口

4）安装完成后，软件界面如图 2-8 所示。打开模型文件，可以根据需要对模型进行编辑。

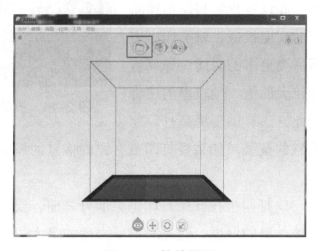

图 2-8　软件界面

2. 模型切片设置

如使用先临 3dStar，在切片软件中导入模型文件，可进行模型切片。生成模型路径如图 2-9 所示。

生成路径时，需要设置切片参数，如图 2-10 所示，默认设置下，程序将使用"标准"配置生成路径。

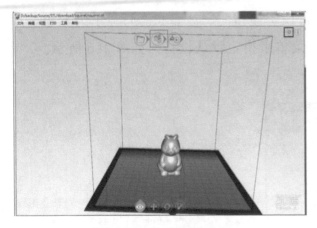

图 2-9   生成模型路径

图 2-10   设置切片参数

3. 模型切片

模型切片效果示意图如图 2-11 所示。

对于相对专业的切片软件，模型切片设置主要包括以下几个参数。

1）层高。在 3D 打印中，可以将图层的高度视为分辨率。此设置指定每层消耗品的高度。如果每层的高度很低，就会印出表面光滑的成品，但需要更多的时间。如果将图层的高度调整为较大的值，则较厚的层将形成粗糙的表面。此方法有助于提高打印速度，适合无细节信息的模型。如果要打印带有详细信息的模型，建议使用较小的高度打印。

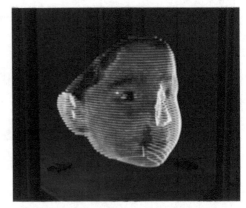

图 2-11   模型切片效果示意图

2）壳体厚度。3D 打印机在开始打印中空部分之前，要设置打印外墙的次数。此设置用于调整外壁的厚度，这是对成品强度的最大影响之一。通过增加数量，3D 打印机将能够打印出更厚、更强的外墙。

3）纺纱。该功能主要是 3D 打印机在耗材通过中空件时，需要将耗材拉回来，停止挤压耗材的过程。如果在打印过程中始终打开此功能，则可能会导致耗材堵塞喷嘴，需要将其关闭。

4）填充密度。填充是指模型壳内的空间密度。此参数通常用"%"表示。如果设置为 100% 填充，则模型将完全填充。填充率越高，物体的强度和重量越大，印刷时间越长，耗材越多。一般情况下，填充密度为 10%~20%。如果需要生产坚固的产品，用户可以选择 75% 以上的填充密度。

5）打印速度。印刷速度是指挤出机挤出消耗品并移动的速度。最佳设置是在挤出机和移动速度之间找到平衡。这里设计了各种原因，如消耗品、层数和温度。如果单一速度是最苛刻的，它将导致混乱的最终模式。速度慢可提高质量的打印效果。建议速度为 40~60mm/s，在打印过程中，也可以根据自己的要求随时更改。

6）支撑。当打印模型超过 45° 时，3D 打印机挤出的消耗品将无法正常地在原始水平上平铺。如果印刷模型的角度长时间超过 45°，模型的外观会变得粗糙，灯丝会被拉长。通过添加支撑，可以创建高质量的环境，而不会导致最终模型下垂。常见的支持类型包括树、网格等形状，用户可以根据自己的需要进行选择。

7）首层粘连。部分用户在进行 3D 打印时，会发现第一层打印无法有效地贴在平台上，这种情况通常是由于平台的附着力不够引起，在切片软件中可以通过设置来增加耗材对平台的附着力。

8）边缘。在物体底面周围增加环绕一层，对减少底面边角的卷曲变形有较大的帮助，在打印后也比较容易去除。

9）底板支架。在物体下打印单独的一层支架，如果打印特别小的物体，或者底面不平时，支架会改进物体底面结合。但打印后移除支架会影响底面打印质量。

10）初始层厚度。初始层是指 3D 打印机在平台上打印的第一层厚度。如果用户需要给模型一个更坚固的打印底座，可以增加初始层的厚度。通常切片软件中默认的厚度在 0.3~0.5mm，这个数值可以较为快速地构建坚固的底座，并且会很稳定地附着在平台上。

4. 切片类型

（1）STL 切片

STL 切片是快速成型行业标准，是三维模型的一种单元表示法，它以小三角形面为基本描述单元来近似表示模型表面。STL 切片是几何体与一系列平行平面求交的过程，切片结果将产生一系列曲线边界表示的实体截面轮廓，组成截面的边界轮廓环之间只存在 2 种位置关系：包容或相离。STL 文件的缺点是数据冗余、文件庞大，缺乏拓扑信息，容易再现悬面、悬边、点扩散、面重叠、孔洞等错误，诊断与修复困难，存在曲面误差等。

（2）容错切片

容错切片基本避开 STL 文件三维层次上的纠错问题，直接对 STL 文件切片，并在二维层次上进行修复。由于二维轮廓信息十分简单，并具有闭合性、不相交等简单的约束条件，特别是对于一般机械零件实体模型而言，切片轮廓多由简单的直线、圆弧、低次曲线组合而成，因而能容易地在轮廓信息上发现错误。

（3）适应性切片

适应性切片根据零件的几何特征来决定切片的厚度，在轮廓变化频繁的地方采用小厚度切片，在轮廓变化平缓的地方采用大厚度切片，与统一层厚切片方法比较，可以减少 Z 轴误差、阶梯效应与数据文件长度。

（4）直接适应性切片

直接适应性切片是利用适应性切片思想从 CAD 模型中直接切片，可以同时减少 Z 轴和 X-Y 平面方向的误差。其优势是减少快速成型的前处理时间，可避免 STL 格式文件的检查与纠错过程，可降低模型文件的规模，能直接采用 RP 数控系统的曲线插补功能，从而提高工件表面质量与精度。

三、模型打印

1. 准备打印机

首先放置安装平台，将打印机平台水平放置。接下来安装打印丝，打印前要根据产品特性选择材料与颜色，保证材料的头部整齐后，顺着打印机的送线管插入到打印喷头接线口。放置平台与穿丝如图 2-12 所示。

然后，打开打印机电源开关，长按"OK"键进入开机界面，按界面提示，设置相应的温度，预热机器，操作进丝键自动进丝，使 3D 打印机做好打印准备。

图 2-12　放置平台与穿丝

2. 标准块模型打印

从 3D 打印技术原理上来讲，3D 打印技术可以制造任何产品，但实际上大多数 3D 打印机只能打印一些基本几何形状，且打印精度达不到理论精度。一台新的 3D 打印机在使用前，首先要测试该机的基本性能，这就是标准块模型打印。

经典标准块模型的打印，一般采用 20mm 的方块，如图 2-13 所示。建议采用 0.1~0.2mm 层高来打印。打印出来再用游标卡尺测量标准块，辨识其与标准尺寸的偏差，并根据偏差对步进值进行相应调整，以达到精确的效果。对于标准块测试来说，一般 XYZ 方向尺寸精度小于 0.1mm 算是合格。

新购置的 3D 打印机，厂家一般提供标准块测试模型，精度验收一般选择 3D 打印机厂家提供的标准块测试模型。

如果需要对 3D 打印机性能进行全面的测试，也可以在网络上找相对复杂的测试模型来测试。专用测试模型包含了常见的基本几何形状，可让用户对 3D 打印机的性能有一个整体的了解。3D 打印机专用测试模型如图 2-14 所示。

图 2-13　3D 打印标准块模型

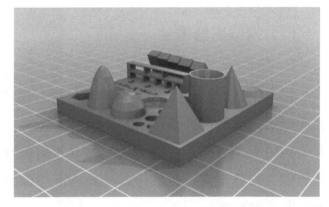

图 2-14　3D 打印机专用测试模型

3. 导入数据

当模型通过切片软件处理后，可通过数据线、SD 卡等方式把由 STL 格式的模型文件切片得到的 Gcode 文件传送给 3D 打印机。同时，装入 3D 打印材料，调试打印平台，设定打印参数，然后打印机开始工作，材料会一层一层地打印出 3D 模型产品。

如使用先临 3dStar 软件，可单击向导区的 按钮开始打印。开始打印后界面将会更新，向导区将会增加 和 按钮，状态与设置区将会增加 按钮，如图 2-15 所示。

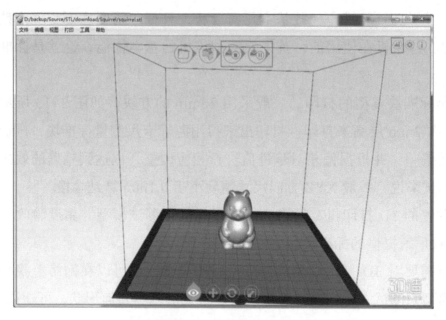

图 2-15   联机打印

四、打印后处理

1. 抛光

以 ABS 材料为例，可用丙酮蒸气进行抛光，也可在通风处煮沸丙酮来熏蒸打印成品，也可以选择市面上其他的抛光机；但是 PLA 材料不可用丙酮抛光，有专用的 PLA 抛光油。化学抛光要掌握好抛光程度，因为都是以腐蚀表面作为代价的。整体来讲，目前化学抛光还不够成熟，应用不是很广泛，可作为后处理的备选方案之一。

2. 打磨

砂纸打磨是经常使用的方法，工具也比较简单，主要是砂纸、打磨棒等。例如，水砂纸可以使用 600 号、800 号、1000 号、1200 号、1500 号。再有一碗水，牙膏一只，干净眼镜布一张就可以打磨了。水砂纸在磨的时候要加一点水，号码越大，砂纸越细，用 800 号磨完用 1000 号磨。磨完之后，零件会没有光泽，这时候要用牙膏摸在布上对零件进行打磨，恢复光泽。砂纸打磨如图 2-16 所示。

3. 覆盖

在 3D 打印的模型表面涂上胶水，然后在涂抹均匀胶水的模型表面，喷洒直径大小在 50～200 μm 的颗粒材料形成浮饰层。浮饰层处理好后，在浮饰层表面用光油喷涂保护层，使 3D 打印模型能克服表面层叠纹理，提高表面精度。

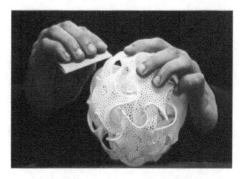

图 2-16　砂纸打磨

4. 上色

3D 模型打印完后，模型的颜色呈现材料的颜色。3D 打印模型可通过后期上色，增加美观性。上色往往是 3D 打印模型后期处理的重要环节。有的时候需要对打印出来的物件进行上色。例如，ABS 塑料、光敏树脂、尼龙、金属等不同材料需要使用不同的颜料进行上色。

任务实施

以花瓶模型（图 2-17）的模型制作与打印过程为例，解读 3D 打印的流程。

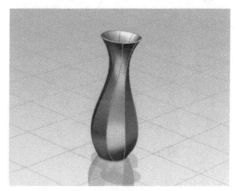

图 2-17　花瓶模型

1. 模型准备

花瓶模型通过 UG 软件绘制而成，绘制模型的步骤如下。

1）打开 UG 软件，新建文件，更改保存路径，修改文件名，如图 2-18 所示。

2）进入主页，选择"草图"，弹出"创建草图"对话框，单击"XY 平面 / 基准坐标系"，确定完成草图建立，如图 2-19 所示。

3）使用"圆"命令绘制一个直径为 60mm 的圆，单击完成草图，如图 2-20 所示。

4）选择"基准平面"命令，弹出对话框，类型选择"按某一距离"，平面对象选择 XY 平面，分别做出 60mm、180mm、240mm 高的平面，如图 2-21 所示。

图 2-18   新建文件

图 2-19   创建草图

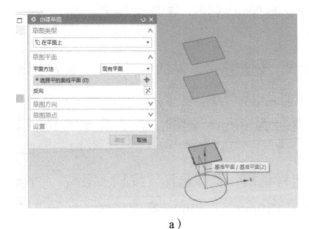

图 2-20   绘制草图

图 2-21   创建基准平面

5）创建草图选择"基准平面（2）"，使用"圆"命令绘制一个直径为 100mm 的圆，如图 2-22 所示。

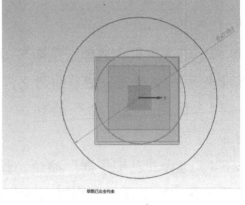

a）

b）

图 2-22   绘制直径为 100mm 的圆

6）在工具栏中找到"多边形"命令，设置边数为"8"，以圆心为中心绘制一个八边形，如图2-23所示。

7）选择几何约束"点在曲线上"命令，单击参考线的点，单击鼠标中键（滚轮），再单击Y轴，将点约束到Y轴上，如图2-24所示。单击八边形的点，单击鼠标中键（滚轮），再单击外圆，将点约束到圆上。完成全部约束，如图2-25所示。

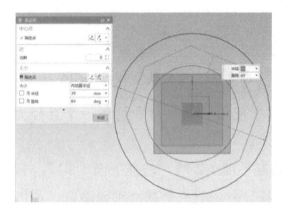

图2-23 绘制八边形　　　　　　　图2-24 将点约束到Y轴

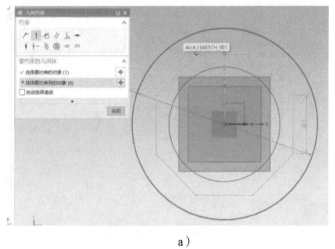

a）

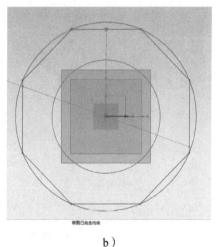

b）

图2-25 完成约束

8）把光标移到外圆上，将外圆转换为参考线，单击完成草图，如图2-26所示。

9）创建草图选择"基准平面（3）"，打开"圆"命令绘制一个直径为40mm的圆，单击完成草图，如图2-27所示。

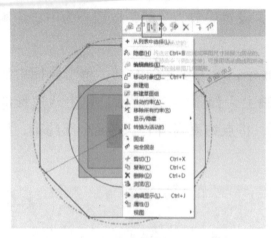

图 2-26 将外圆转化为参考线

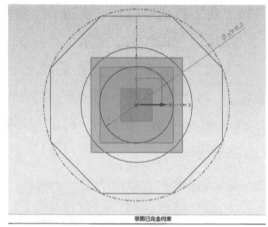

图 2-27 绘制直径 40mm 的圆

10）创建草图选择"基准平面（4）"，使用"圆"命令绘制一个直径为 80mm 的圆，单击完成草图，如图 2-28 所示。

11）在"部件导航器"中，选中"基准平面（2）""基准平面（3）""基准平面（4）"，单击鼠标右键，选择"隐藏"命令把三个基准平面隐藏，如图 2-29 所示。

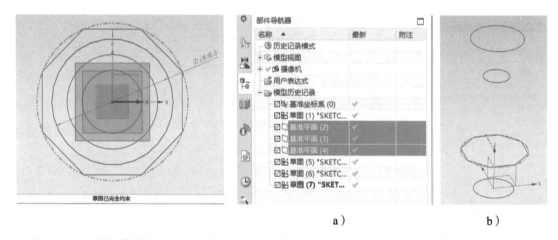

a)   b)

图 2-28 绘制直径 80mm 的圆   图 2-29 隐藏基准平面

12）创建草图，选择 XZ 平面，如图 2-30 所示。

13）在工具栏中，单击"艺术样条"按钮，弹出"艺术样条"对话框，类型选择"通过点"，选中草图点，单击"确定"按钮，如图 2-31 所示。

14）选择"菜单"→"插入"→"关联复制"→"阵列几何特征"命令，选择曲线，在"阵列几何特征"对话框中，布局选择"圆形"，指定矢量选择 Z 轴，单击"确定"按钮，如图 2-32 所示。

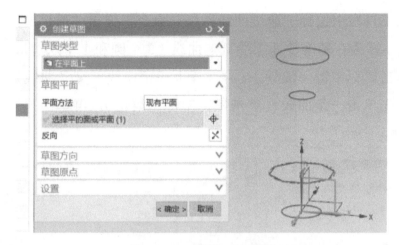

图 2-30 选择 XZ 平面

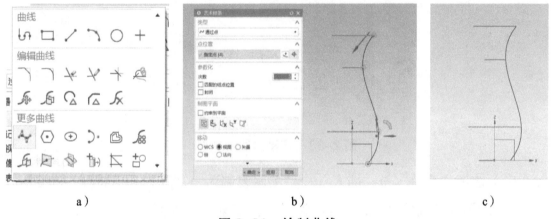

a)

b)

c)

图 2-31 绘制曲线

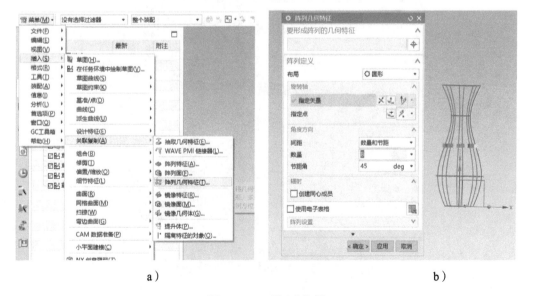

a)

b)

图 2-32 阵列曲线

15）在工具栏中选择"通过曲线网格"命令，弹出"通过曲线网格"对话框，主曲线选择为在基准平面上绘制的曲线（3 个圆和 1 个八边形），先选择一条曲线，单击鼠标中键（滚轮），再选择下一条曲线。交叉曲线选择为阵列的两条曲线，先单击一条曲线，单击鼠标中键（滚轮），再单击下一条曲线，如图 2-33 所示。

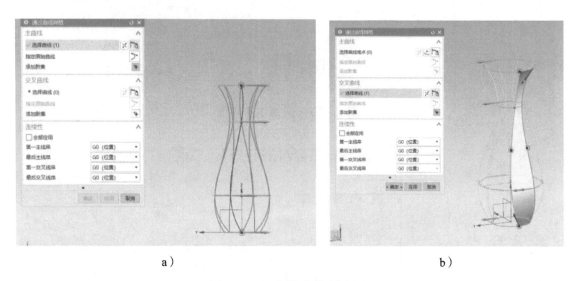

a）　　　　　　　　　　　　　　　　b）

图 2-33　连接曲线绘制面

16）选择"菜单"→"插入"→"关联复制"→"阵列几何特征"命令，选择通过曲线网格绘制出的面，指定矢量选择 Z 轴，完成阵列，如图 2-34 所示。

图 2-34　阵列面

17）在工具栏中选择"菜单"→"插入"→"组合"→"缝合"命令，选中全部片体，单击"确定"按钮完成缝合，如图 2-35 所示。

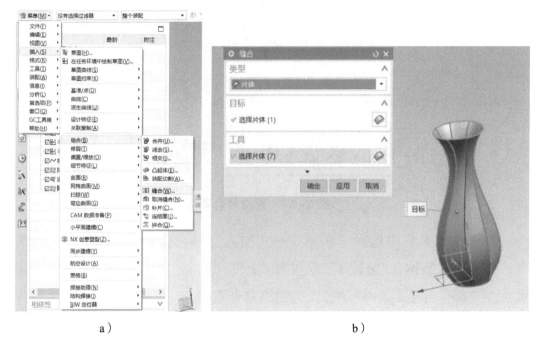

a）　　　　　　　　　　　　　　　　b）

图 2-35　缝合片体

18）在工具栏中选择"菜单"→"网格曲面"→"N 边曲面"命令，单击花瓶底部，封闭底面，如图 2-36 所示。

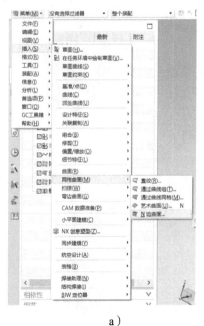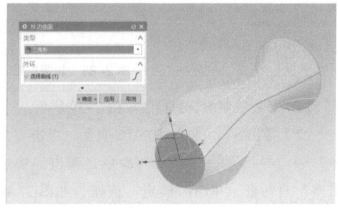

a）　　　　　　　　　　　　　　　　b）

图 2-36　封闭底面

19）选择花瓶整体，再次缝合，如图 2-37 所示。

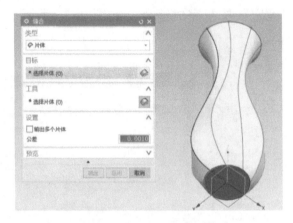

图 2-37　再次缝合花瓶

20）在工具栏中选择"菜单"→"插入"→"偏置 / 缩放"→"加厚"命令，选择花瓶整体，"偏置 1"设置为"2.5"，单击"确定"按钮，如图 2-38 所示。在"部件导航器"中，把 N 边曲线命令隐藏。

a）

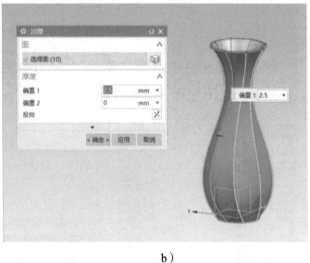

b）

图 2-38　加厚花瓶

21）最后绘制的花瓶模型如图 2-39 所示。

22）导出 STL 格式。在 UG 页面，单击"文件"→"导出"→"STL"命令，弹出"快速成型"对话框，单击"确定"按钮，如图 2-40 所示。

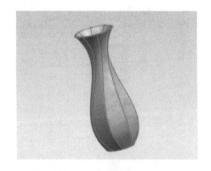

图 2-39　绘制的花瓶模型

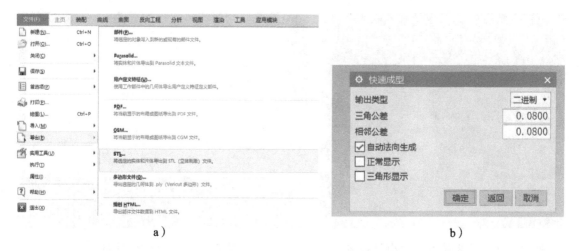

a)   b)

图2-40 导出STL格式

23)将模型保存在相应的位置并更改文件名,单击"OK"按钮,弹出"类选择"对话框,选择"全选",单击"确定"按钮直到对话框消失,完成导出,如图2-41所示。

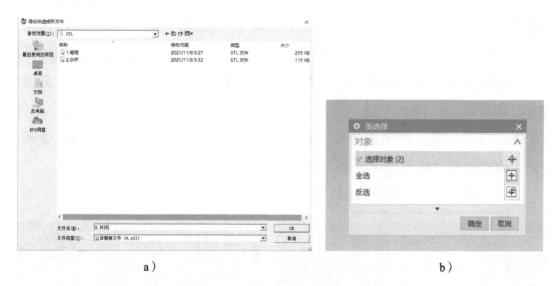

a)   b)

图2-41 保存文件并更改文件名

2. 模型切片

1)打开Ultimaker Cura切片软件来调整模型。通过移动、缩放、旋转命令,设置参数,调整模型的大小以及位置,如图2-42所示。

2)单击"保存到文件"将模型切片文件保存为Gcode格式,如图2-43所示。

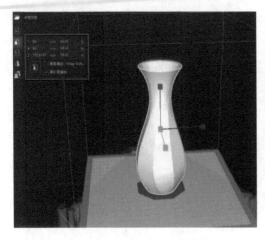

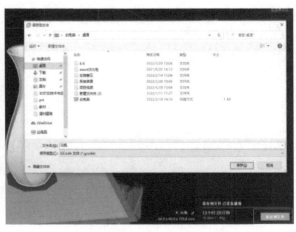

图 2-42　调整模型的大小及位置　　　　　图 2-43　保存模型切片

3. 模型打印

打印机型号为 F200，打印材料是 PLA。

打印前设备准备：调平打印平板是打印机第一次使用、长期未使用或设备被搬动后进行打印操作的第一步。这里的调平不仅指调整平台水平，还包括调整控制平台与喷头间距在一个合理范围内，而这个距离通常为一张 70g A4 纸的厚度。此操作关系到打印时第一层熔融的打印材料 PLA 或 ABS 能否完美得粘贴在打印平板上，随后一层一层堆叠上去，最终形成一个均无拉丝的打印件。为了提高打印质量，需谨慎精准操作此步骤。需要不断在工作台的四角处来回移动，通过加垫片或其他填充物品的方式调整工作台的水平程度。

打印模型的过程，如图 2-44 所示。

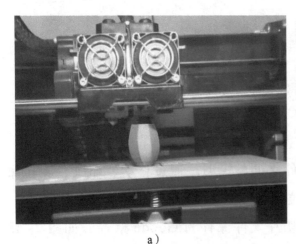

a）　　　　　　　　　　　　　　b）

图 2-44　打印模型

！ 注意事项

打印完成后，不要直接关闭机器的电源，而是要保证挤出头的散热风扇继续工作，以便快速把温度降下来，减少材料受热膨胀引起的堵丝情况的发生。再次加热时也要打开散热风扇。

不要在没有使用打印机时，长时间加热挤出头，这样做会因材料膨胀而引起堵丝！

4. 打印后处理

使用钳子把多余的支撑去除。对于一般的支撑，可以先用手小心去除（ABS 的支撑较脆容易去除，但要小心划伤手）。较硬或较密集的支撑，用斜口钳、尖嘴镊子去除。

模型拆除后，如果还有部分残留，可以用笔刀刮干净。一定要注意笔刀的用法，如刮和推等。不要用力过大损伤模型或者伤到手。花瓶模型去除支撑的过程如图 2-45 所示。

模型处理完成后，成品模型如图 2-46 所示。

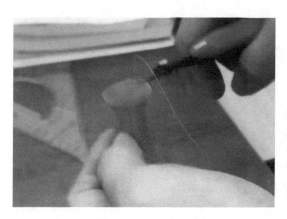 

图 2-45　去除支撑　　　　　　　　　图 2-46　成品模型

↪ 知识拓展

减少 3D 打印模型的误差

打印精密 3D 打印件的原理类似于注塑成型的原理。例如，附近面之间的渐变，防止零件截面积和体积相距较大的状况；防止成品零件上残余应力的尖角；无支撑的薄壁结构不适合过高，不然会出现翘曲。掌握这些原理能够优化 3D 打印件的设计，增加 3D 打印件的打印成功率。

如果 3D 打印组件是仿生的，如蜂巢结构、复杂的点阵列结构等，用传统的制造方式在零件上钻隐形的孔会增加材料的消耗，进而增加制造成本。此时，3D 打印成为节约制造成本的最佳选择。

但在增材制造中，选用 3D 打印的激光熔化金属加工圆孔时，需要综合考虑是否增加带孔支撑结构及其下表面也许出现的变形，用泪珠形或六边形孔形结构替代圆孔是一种较好的设计方法。

想一想

在控制 3D 打印的成本方面，你有什么更好的办法？

任务 2　体验 3D 打印流程

体验 3D 打印流程

任务情景

3D 打印作品的打印流程包括模型准备→模型切片→模型打印→印后处理，但具体的打印项目在基本流程下，仍有差异。优化我们的操作会使 3D 打印作品更加精致。

技术老师

小白同学

是的，我已经熟悉 3D 打印流程，迫不及待想体验一下 3D 打印，拥有自己的第一件 3D 打印作品。

接下来，我将指导你完成球形花盆的打印，感受 3D 打印的魅力。

技术老师

技术知识点

随着 3D 技术的发展，建模技术飞速进步。国内外 3D 模型网站逐步具备了海量的 3D 模型。对于设计师来说，有如此多的模型网站可供选择，但是真正想找模型的时候，究竟先选择哪家网站的 3D 模型呢？

1. 3D 打印资源库

3D 打印资源库（https://www.3dzyk.cn/），是集媒体、资源、教育为一体的行业门户网站，专注于 3D 打印的垂直平台。3D 打印资源库平台包含 3D 打印企业（提供免费的 3D 打印企业名录导航）、3D 打印课程、3D 打印招聘、3D 打印活动、3D 打印模型等模块，如图 2-47 所示。部分模型可以免费下载，如图 2-48 所示。

图 2-47　3D 打印资源库首页界面

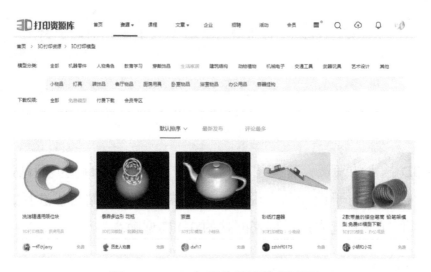

图 2-48　3D 打印资源库资源界面

2. 打印啦

打印啦是国内专业提供免费 3D 打印模型素材的网站。打印啦时时更新海量好玩的 3D 打印模型供用户免费下载，并提供 3D 模型交易和建模服务，努力让每一个普通人都能体验 3D 打印。打印啦网站首页界面如图 2-49 所示。

图 2-49　打印啦网站首页界面

3. 3ddd

3ddd 是俄罗斯素材网站，注册用户可以下载 3D 模型和贴图、图形教程、壁纸等资源，网站的部分资源需要收费。3ddd 网站首页界面如图 2-50 所示。

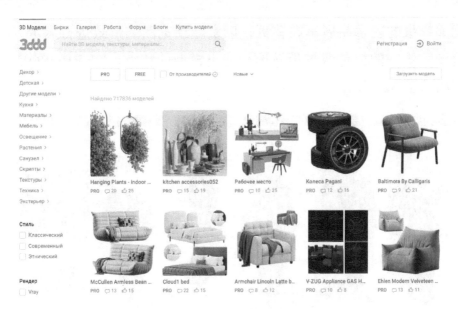

图 2-50　3ddd 网站首页界面

4. 学哟网

学哟网的网站上有很多免费的模型与素材。学哟网的学院派界面风格，让设计师们如沐春风。学哟网网站首页界面如图 2-51 所示。

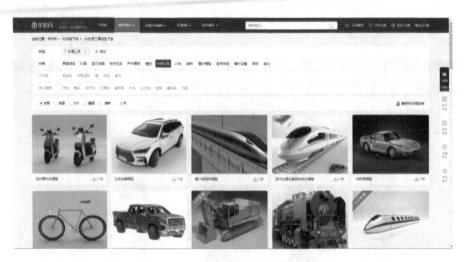

图 2-51   学哟网网站首页界面

5. TURBOSQUID

TURBOSQUID 是一个专业提供 3D 模型的网站，也是全球的艺术家们激发 3D 创意灵感的平台。

TURBOSQUID 的模型无论从质量和数量上来看都有创新点，充满艺术感的模型犹如精致的艺术品展示在首页，以实际预览图的形式进行展示，有多张模型预览图，统一的白色背景很好地衬托出模型的特点。TURBOSQUID 网站首页界面如图 2-52 所示。

图 2-52   TURBOSQUID 网站首页界面

🕒 任务实施

通过网络资源平台，下载球形花盆模型，利用 3D 打印机制作球形花盆模

型，体验 3D 打印全过程。球形花盆 3D 模型
如图 2-53 所示。

设备准备：

FDM 3D 打印机（先临 Einstar-S），尺
寸大于 100mm×100mm×100mm。

图 2-53 球形花盆

FDM 3D 打印材料，推荐使用 PLA 材料。

切片软件，推荐使用 3dStar，与打印机匹配。

1. 模型准备

1）选择 3D 打印资源库网站。在网站首页，单击"资源"→"3D 打印模型"标题栏进入 3D 打印模型界面，如图 2-54 所示。

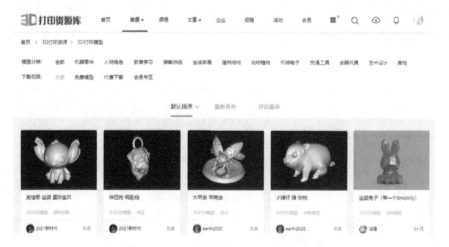

图 2-54 3D 打印资源库模型界面

2）下载球形花盆模型。单击 🔍 按钮，在搜索框中输入关键词"球形花盆"，按〈Enter〉键，寻找满足用户要求的球形花盆模型，如图 2-55 所示。搜索结果页面如图 2-56 所示。

图 2-55 输入关键词

3）单击"球形花盆"文字，进入模型下载页面，如图 2-57 所示。在模型下载页面中，单击"立即下载"按钮，设置好存储路径即可下载球形花盆模型，下载文件格式为 STL 格式，如图 2-58 所示。

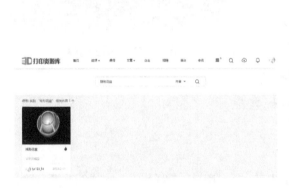

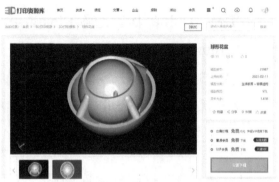

图 2-56　搜索结果页面　　　　　　图 2-57　模型下载页面

模型下载到计算机后，可直接浏览模型样式，选择下载模型文件，可查看模型内容，如图 2-59 所示。

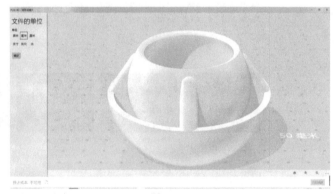

图 2-58　下载球形花盆模型　　　　图 2-59　球形花盆模型

2. 模型切片

（1）安装切片软件

根据 3D 打印机品牌与型号，选择安装合适的切片软件。本任务使用先临 Einstar-S 打印机，配套安装 3dStar 切片软件。软件版本为 3dStar2.5.2。安装步骤如下。

单击 3dStar_v2.5.2.exe 程序文件，进入安装向导，按"下一步"按钮，如图 2-60 所示。接受协议、选择安装路径后，继续下一步操作。

自动完成安装，系统将显示软件安装完成界面。单击"完成"按钮，结束安装，如图 2-61 所示。

图 2-60　安装 3dStar 软件　　　　　　图 2-61　软件安装完成界面

软件安装完成后，系统将自动打开软件。打开软件后，请选择相应的 3D 打印机型号，如图 2-62 所示。确定 3D 打印机型号后，系统将安装相应的 3D 打印机参数。如选择错误，需要更新设备，可在工具菜单栏下选择"固件更新"按钮，在弹出窗口中找到对应设备型号进行更换。

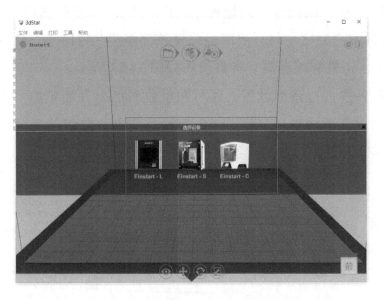

图 2-62　选择 3D 打印机型号界面

（2）切片处理

打开切片软件，选择文件图标，导入下载的球形花盆模型文件，就可以开始模型切片。导入模型文件如图 2-63 所示。

进入"编辑"菜单栏，选择"自动布局"命令，如图 2-64 所示，使模型在打印框中自动布局到打印最佳状态。如果模型布局不适合，用户也可以在页面下方单击"旋转""移动"等按钮，使模型布局达到所需要求。

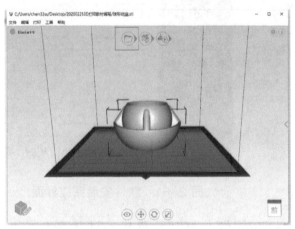

图 2-63　导入模型文件

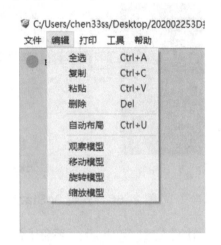

图 2-64　选择"自动布局"命令

单击"设置"按钮，打开设置对话框。根据需要，选择打印模式，一般设置为"标准"，也可以根据需要设置其他选项。根据模型形状，设置参数，可添加支撑，添加基座，或选择"薄壁件""实心件"，本模型选择"无支撑""添加基座"。根据室内温度与材料要求，设置挤出温度为 210℃，剥离系数为 2.8，剥离系数越小，工件越难剥离。参数设置如图 2-65 所示。

如果要对参数进行精确设置，还可在设置对话框界面单击"高级参数"按钮，进入高级设置对话框，如图 2-66 所示。高级参数包括填充选项、支撑选项、底面三部分内容，可分别对各项内容进行详细设置。

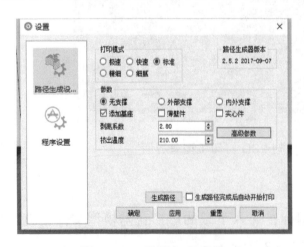

图 2-65　设置打印参数

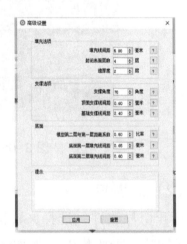

图 2-66　高级设置对话框

参数设置完成后，可查看打印路径。打印路径显示如图 2-67 所示。

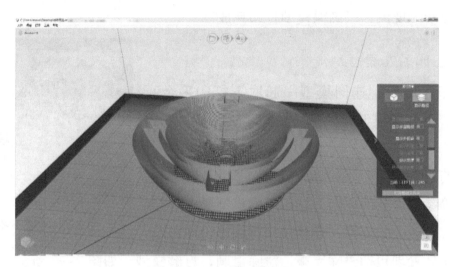

图 2-67　打印路径显示

单击"程序生成"按钮，生成"huapen.gsd"文件。

3. 打印球形花盆

准备打印平台，将打印平台调整至水平状态。打开 3D 打印机电源，开始预热 3D 打印机，如图 2-68 所示。

将 3D 打印机界面调至进丝状态，穿好打印丝，待 3D 打印机预热到 210℃左右进丝完成，可以开始打印。进丝界面如图 2-69 所示。

将"huapen.gsd"文件通过数据线或 SD 卡传输到打印机，选择打印程序，按"OK"按钮开始打印，如图 2-70 所示。

图 2-68　预热 3D 打印机　　　　图 2-69　进丝界面　　　　图 2-70　打印球形花盆

在打印过程中，注意观察避免打印丝出现缠绕以防止断丝。打印过程中应避免出现断续现象，以确保模型打印完成。

4. 打印后处理

打印完成后，连同模型一起取下打印平台，用铲刀铲下打印模型，注意防止伤手，如图 2-71 所示。

图 2-71　铲下模型

在打印过程中，因为路径算法、打印精度和加支撑等参数设置的原因，打印后的模型要求进行后处理，包括去除支撑、连接丝，打磨等，球形花盆的打印后处理包括去除支撑，清除毛刺，打磨模型，如图 2-72 所示。

a)　　　　　　　b)　　　　　　　c)

图 2-72　球形花盆的打印后处理

模型经过印后处理，球形花盆实物如图 2-73 所示，球形花盆使用效果如图 2-74 所示。

图 2-73　球形花盆实物　　　图 2-74　球形花盆使用效果

⊙ 知识拓展

3D 打印的注意事项

1. 打印平台调平

1）当喷头高度低于平台高度或者平台不平整时，喷头会刮损平台，导致打印丝无法喷出形成堵料，如图 2-75 所示。

2）当喷头与打印平台距离太短时，喷头出料过快，会导致打印材料无法顺畅流出，形成堵料，或者打印底层材料密度过厚难以剥落，如图 2-76 所示。

图 2-75 堵料

图 2-76 模型难以剥落

3）当喷头与打印平台距离太高时，打印底层无法粘着在打印平台上，导致打印模型出现翘边。打印的时候模型没黏附在打印平台，已喷出的打印丝将随着喷头一起移动，如图 2-77 所示。

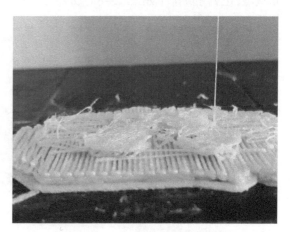

图 2-77 打印丝跟随喷头移动

2. 进退丝操作规范

1）喷头还没加热时，进丝会导致齿轮送丝打滑，如图 2-78 所示。

2）喷头还没加热时，手动强硬退丝会导致残料留在喷头内进退两难无法加热，进而堵塞喷头，不足温退丝如图 2-79 所示。

图 2-78　送丝打滑　　　　　　图 2-79　不足温退丝

3）打印时候，料盘内的打印丝打结会导致材料无法正常输送，从而打印丝断裂，如图 2-80 所示。接上打印丝后，打印的模型出现断层。

3. 平台胶水适度

1）光滑的平台没有上胶水，打印丝无法粘着在平台上，打印底座出现翘曲而无法正常打印，如图 2-81 所示。

图 2-80　打印丝断裂　　　　　　图 2-81　打印底座翘曲

2）胶水过厚会导致喷头的打印丝出不来，形成堵丝，如图 2-82 所示。

4. 保持电源供电不间断

断电或者非法关机时，打印模型会出现层与层之间错位，如图 2-83 所示。

图 2-82 胶水过厚造成堵丝

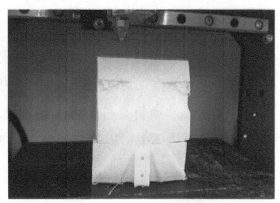

图 2-83 打印模型错位

5. 保证模型数据准确

如果在切片过程中，模型存在特征错误或缺失，则会导致生成的程序文件数据异常或错误，可能出现切片文件无法读取，或打印机打印一半后，打印机断电，平台自动滑落等情况，如图 2-84 所示。

6. 加热温度设定

根据材料和室温，要设定适合的打印温度，否则会出现异常情况。具体为：温度过低，层与层之间没黏结，或者出现堵塞；温度过高，打印层出现熔融状态，无法成形，喷头温度过高，返程时候，再次烫焦原来打印层形成颗粒状。

图 2-84 打印中断

7. 打印速度设定

打印模型时，有时候会出现某一层丝太细（粗）或者某一处地方丝过少（多），这时候就要去调整 3D 打印机的打印速度。

8. 选用打印丝

3D 打印机无法自动检测打印丝是否充足。如果打印丝不够，会导致模型缺失，因此打印前需要根据切片软件提供的预计丝长估计打印丝是否足够。

➲ 项目实践

学生参考任务 2 的任务实施，完成 3D 打印技术应用工作手册的 "项目 2 打印球形花盆模型"，并记录计划实施的完成情况，填写质量检查。

学生完成 "项目 2 打印球形花盆模型" 后，开展评价反馈，完成思考与练习。在实训成绩单中，进行自我评分、教师评分和学生评分。

项 目 总 结

本项目介绍了 3D 打印基本流程，熟悉了 3D 打印标准操作方式，包括标准块模型打印、安装切片软件、模型切片、打印操作；3D 打印建模，包括从三维模型网站建模、用计算机辅助设计软件构造三维模型和利用三维扫描仪构建三维模型；三维模型的 STL 格式化，包括 STL 格式文件的规则、STL 格式文件的错误和纠错软件；三维模型的切片处理，包括成形方向的选择、3D 打印中的主要切片方式；3D 打印后处理，包括去除支撑、打磨、上色等，熟悉了 3D 打印的全过程。

项目 3
选择 3D 打印机

项目导入

　　小白同学发现，日常生活中普通打印机的打印材料是墨水和纸张，而 3D 打印机内装有金属、陶瓷、塑料、砂等不同的打印材料。3D 打印机与计算机连接后，通过计算机控制可以把打印材料一层层叠加起来，最终把计算机上的蓝图变成实物。3D 打印机可以打印出真实的 3D 物体，如机器人、玩具车、食物等。

　　3D 打印机的应用范围如此广泛，但是在实际的打印操作中，如何选择 3D 打印机打印出理想的 3D 产品呢？

学习目标

- 了解 3D 打印机的品牌型号。
- 掌握 3D 打印机的特点。
- 能够根据 3D 打印材料，选择不同的打印机。
- 了解国产 3D 打印机的品牌。

职业素养

- 主动学习新技术与新应用，对不同种类的 3D 打印机具备一定的管理知识。
- 具备 3D 打印机操作技能与计算机软件操作技能，有较强的动手操作能力。

- 结合 3D 打印应用知识，扩大增材制造的应用面。
- 掌握一定的 3D 打印机的工作原理以及维修知识。

项目导图

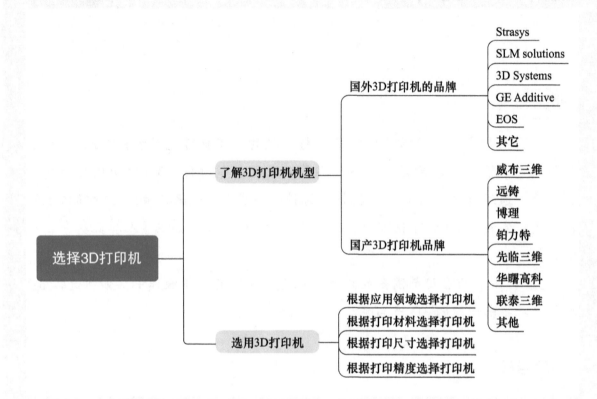

任务 1　了解 3D 打印机机型

了解 3D 打印机机型

任务情景

小白同学

哇，我终于拥有了自己的第一件 3D 打印作品，原来打印模型的整个过程是这样的啊，那么我们要打印不同的模型，该如何选择合适的 3D 打印机机型呢？

跟着我一起去 3D 打印机的市场，了解 3D 打印机的品牌和特性，学会选择不同类型的打印机吧！

技术老师

技术知识点

国外 3D 打印机的品牌有 Strasys、SLM solutions、3D System、GE Additive、EOS 等。国内 3D 打印机的品牌有威布三维、远铸、博理等。

1. 威布三维

威布三维是中国领先的数字孪生与 3D 打印解决方案供应商，专注于制造、教育、医疗、科研、文旅、食品等领域，致力于通过高科技产品打造数字世界与物理世界的桥梁，提供元宇宙的数字基建方案。产品系列比较齐全，集 FDM、SLA、LCD、食品等 3D 打印机，结合自主研发的三维渲染引擎，主要帮助企业与机构降低开发成本，提高工作效率，提升制造水平，真正实现工业 4.0 时代的敏捷制造、柔性生产与数字 3D 营销，推动传统经济的数字化转型升级。威布三维 3D 打印机如图 3-1 所示。

特点： 产品系列覆盖范围广，从桌面机到工业级设备，具有自主开发的软件切片系统，能够满足市场上大部分 3D 打印需求产品。

2. 远铸

2016 年远铸智能技术有限公司成立，主要提供高性能材料 3D 打印设备及工业增材制造解决方案，由来自海内外多年精密设备开发、高性能材料研究的工程师团队联合创建，专注 FFF 3D 打印工艺，物理性能和表面效果都堪称领先。其

图 3-1　威布三维 3D 打印机

自主研发的 INTAM™ 线材体系可满足用户高性能材料、工程材料、技术材料及支持材料等多种需求。远铸 3D 打印机如图 3-2 所示。

特点： 自主研发的 FFF 核心技术，具备先进热设计，支持高性能、工程材料打印，腔室内多点温度梯度优化，高温、高速挤出喷头，具备喷头及运动电机液冷控温。

图 3-2　远铸 3D 打印机

3. 博理

博理新材料科技有限公司是一家全产业链的超高速 3D 打印高新技术企业，主营材料研发、设备制造、软件自动化和生产服务，总部位于苏州市，在

宜春市和芜湖市设有子公司，致力于"建设世界智能云工厂"，是全球领先的高分子材料超高速 3D 打印智能制造领军企业。博理与工信部工业文化发展中心增材制造（3D 打印）研究院共同成立了国内第一家 3D 打印新材料研究所，聚集了强大的研发能力。从材料研究出发，博理发明了 HALS 超高速 3D 打印技术，实现了高性能材料的超高速 3D 打印成型。博理 3D 打印机如图 3-3 所示。

特点：博理自主研发高性能材料的超高速 3D 打印技术，突破了 3D 打印的限制，建成全球首家 3D 打印智能云工厂，开启了 3D 打印终端零部件规模化智造的新时代！它的出现将直接推动数字化智造变革，实现从模型制作到终端零部件的规模化生产，真正实现个性化柔性制造。

图 3-3　博理 3D 打印机

➡ 任务实施

请同学们通过对市场上常见的 3D 打印机进行调研，查阅相关资料填写表 3-1，总结不同品牌打印机的应用领域。

表 3-1　3D 打印机调研

品牌	特点	型号	应用领域
威布三维	金属打印机，成型尺寸大，精度高，可以打印多种材料，如不锈钢、钛合金、钴铬合金、模具钢等	SLM280	
远铸	配备智能双喷头的工业级 FFF3D 打印设备，具有可观的打印尺寸，更丰富的打印采购材料选择，能够为工业用户提供完善的高性能材料与纤维复合材料 3D 打印解决方案，自动调平、堵头报警、远程监控等工业智能设计	PRO 410	
博理	独创的高速 3D 打印技术，具备多种智能感应，多批次打印一致性，动态光强调系统，AI 智能适应控制系统	TAPS 300	

知识拓展

国产 3D 打印机品牌

1. 铂力特

铂力特是国家级高新技术企业，拥有国家企业技术中心等高水平科研平台。主要提供全方位的金属增材制造与再制造技术解决方案，包括设备、打印服务、原材料、技术服务等。运用多年金属增材制造技术的专业经验，通过持续创新为航空航天、能源动力、医疗齿科、工业模具、汽车制造等行业客户提供服务。公司坚持以用户为中心，以市场为焦点，帮助用户实现最优设计、降低生产成本、提高生产效率、提升产品品质、创造价值。铂力特 3D 打印机如图 3-4 所示。

图 3-4　铂力特 3D 打印机

2. 先临三维

先临三维科技股份有限公司成立于 2004 年，是三维视觉领域科技创新型企业，专注于高精度三维视觉软、硬件的研发和应用，自主研发了多项 3D 领域核心技术，拥有近 300 项授权专利和 100 多项软件著作权，建有浙江省省级重点企业研究院、浙江省博士后工作站。公司起草了"牙颌模型三维扫描仪技术要求"国家标准、"白光三维测量系统"行业标准、"基于结构光扫描的光学三维测量系统校准规范"国家计量技术规范等，参与了"口腔修复体 3D 打印应用研究与临床示范"国家重点研发计划项目，并承担了其他 10 余项国家、省、市重要科技项目，与浙江大学、北京大学口腔医学院、四川大学华西口腔医学院等高校开展科研合作。先临三维 3D 打印机如图 3-5 所示。

图 3-5　先临三维 3D 打印机

3. 华曙高科

湖南华曙高科技股份有限公司由著名 3D 打印科学家许小曙博士于 2009 年 10 月在湖南长沙成立。拥有开源可定制化的 20 余款金属、高分子工业级增材制造自主装备及近 40 款材料，包括面向高效工业制造的大幅面打印、高性能高分子增材制造设备 HT1001P（1000mm×500mm×450mm），该设备是德国宝马 3D 打印工厂部署的中国品牌主力生产级增材制造设备；针对我国航空航天需求定制化研制并批量列装的大型金属增材制造装备 FS621M（620mm×620mm×1100mm）；打印效率赶超国际品牌的高分子光纤激光烧结系统（Flight 技术）等。华曙高科 3D 打印机如图 3-6 所示。

图 3-6　华曙高科 3D 打印机

4. 联泰三维

联泰三维是我国最早参与 3D 打印技术应用实践的企业之一，见证了我国 3D 打印技术的整体发展进程，目前拥有国内光固化 3D 打印技术（Stereolithography）的最大市场份额和用户群体，产业规模位居行业前列，在 3D 打印领域具有广泛的行业影响力和品牌知名度。联泰三维 3D 打印机如图 3-7 所示。

图 3-7   联泰三维 3D 打印机

任务 2　选用 3D 打印机

选用 3D 打印机

任务情景

小白同学

　　那对于具体的 3D 打印项目，我们要如何判断去选用 3D 打印机呢？

　　接下来我们以设计和制作一款瑞士军刀式的钥匙套为例，认识 3D 打印机的选用技巧。钥匙套的设计灵感来源于日常生活，如果使用一般的钥匙套，往往要注意几点：

　　1）放在书包里，散乱的钥匙容易刮花书包里面其他物品。

　　2）钥匙形状相似，容易混淆，容易被拿错。

　　3）市面的钥匙套千篇一律，没有个性。

　　好！我们就动手设计一个全新的钥匙套，学完本任务。

技术老师

技术知识点

1. 根据应用领域选择打印机

　　3D 打印的应用领域很广泛，在教育、医疗、服饰、广告、建筑、工业制造、原型开发、模具、文物修复等众多行业中都有应用。

　　3D 打印机在不同行业有不同的应用。按照应用领域的不同，3D 打印机主要分为桌面级、工业级和生物医学级。

　　1）3D 应用于教学教育。在教育领域中，桌面级 3D 打印机多集中用于教育、创客及简单的模型制作，可以实现珠宝、鞋类等产品设计，有利于理论与操作共同发展。

2）3D 应用于工业制造。在航空航天、汽车制造、模具、珠宝制作等领域实现产品开发。这种方法成本低，环保，制作精美，完全符合设计者的要求，同时又能节约大量材料。工业制造中，常用工业级 3D 打印机。

支撑和实体可分参数打印的设计是区分工业机和桌面机的最重要标志。工业级 3D 打印机对实体和支撑采用不同的速率和激光能量打印，使支撑和实体固化为不同的材料，从而达到易剥离的目的。例如，把支撑和实体设计为两种不同的树脂材料，其中支撑材料融于特定溶液，达到去支撑无痕化的目的。

3）3D 打印应用于医疗科技。医院借助 3D 打印技术实现治疗。例如患者骨折脱位钛金属设计治疗。

生物医学级 3D 打印机利用一层层的生物材料或者细胞构造块，去制造真正的活体组织，有多个打印喷头，可以打印人体细胞，被称为"生物墨"；也可以打印纯生物材料，被称为"生物纸"。"生物纸"主要成分是水凝胶，可用作细胞生长的支架。

2. 根据打印材料选择打印机

3D 打印材料一般是和具体工艺相关联的。不同的材料决定了不同的工艺，也就决定了工艺所带来的限制。以树脂、塑料、金属材料的打印机选择为例。

树脂材料常在 SLA 3D 打印机上使用，可打印高质量的模型。这种树脂的成本比较昂贵，在很多情况下，打印机会比较慢。

塑料材料通常以线材的形式用在 FDM 3D 打印机上。虽然用 FDM 3D 打印机可以得到高质量的模型，但需要更多的操作部分和过程，打印过程中问题往往更容易发生。尽管如此，FDM 3D 打印机价格较低，深受新手和爱好者的欢迎。

金属材料根据模型制作要求，可选择 FDM 3D 打印机、SLM 3D 打印机、EBM 3D 打印机等。FDM 3D 打印机打印金属模型时，使用金属和塑料混合的线材，再通过后处理去掉塑料成分。虽然这种方法打印的金属零件孔隙率较高，但也是目前最便宜的金属 3D 打印。SLM 3D 打印机主要用于快速制作高精度、高质量的金属零件。SLM 3D 打印机属于工业级打印机，价格高昂。但成型件不仅尺寸精度精准、强度高、密度高，其力学性能及其他各方面性能也十分优异。EBM 3D 打印机使用电子束来完全熔化和融合金属材料。它不如 SLM 3D 打印机准确，但可以更快地生产更大的零件。EBM 工艺在真空和高温下进行，从而产生应力消除的组件，其材料性能优于铸造材料，可与锻造材料相媲美。

3. 根据打印尺寸选择打印机

模型的大小决定了 3D 打印机的尺寸，如果模型大，我们会选择比较大的 3D 打印机，如果模型小，我们会选择小的 3D 打印机，这样可以减少使用打印机的成本，节约资源。

同时大的打印机占用的空间比较大。而小的打印机占用的空间比较小，所以我们要确定了模型尺寸再去确认使用 3D 打印机。

3D 打印机有不同的成型平台尺寸，图 3-8a 的成型平台尺寸为 200mm × 200mm × 300mm，图 3-8b 的成型平台尺寸为 410mm × 410mm × 410mm。不同的 3D 打印机类型也有相同的尺寸，所以决定 3D 打印机的尺寸大小，主要来源于模型的大小。

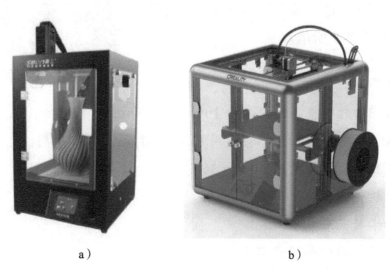

a)　　　　　　b)

图 3-8　3D 打印机不同的成型平台尺寸

4. 根据打印精度选择打印机

选择一台好的打印机，首先毫无疑问要考虑 3D 打印机的精度。打印精度决定了打印产品的级别。现在普遍的桌面级 3D 打印机基本上都能达到 0.1mm。假设模型是 1mm，如果采用 0.1mm 精度，模型就会被分为 10 层打印，3D 打印就是这样一层一层堆积材料形成模型的。当然分层越多，打印速度越慢，在竖直方向上的分辨率越好，表面也就越光滑。

打印的精度与打印速度息息相关，3D 打印机的打印速度都是可调的，20~100mm/s 是常见的打印速度，有的打印机不适合太高速度，根据打印机生产商而定。自然打印速度快，打印时间短，反之亦然。

外机型结构也影响着 3D 打印机精度。机型结构的稳定性相当重要，它可以决定打印机的打印速度。结构不稳定的 3D 打印机，打印速度过快就会影响模型打印精度。3D 打印人员可以判断 3D 打印机的结构是一体成型还是螺丝拼接固定，一体成型结构稳定打印速度能达到很高，如 100mm/s。复杂的模型结构，有很多悬空位置，需要加支撑打印，那打印时间就会延长，长时间的工作打印必然依靠稳固结构才能打印好的模型。

任务实施

我们会通过 3D 打印技术，设计和制作一款瑞士军刀式的钥匙套。瑞士军刀式的钥匙套最终打印效果如图 3-9 所示。

图 3-9　瑞士军刀式钥匙套

设备准备：

1）FDM 3D 打印机，尺寸大于 100mm×100mm×100mm。

2）FDM 3D 打印材料，推荐使用 PLA 或者夜光 PLA 材料。

3）建模软件，推荐使用 Fusion 360。

4）切片软件，推荐使用 Cura。

5）游标卡尺或者电子卡尺。

6）M3、M4 螺钉和螺母若干。

1. 准备模型

（1）安装 Fusion 360

1）注册 Autodesk 账号。访问网址 https://accounts.autodesk.com/register，并填入注册信息，如图 3-10 所示。

2）打开浏览器后，转到免费试用 Fusion 360 网页，如图 3-11 所示。

图 3-10　填入注册信息

图 3-11　免费试用 Fusion 360 网页

3）在网页上，选择"下载免费试用版"，然后填入相关信息，下载 Fusion 360 软件，如图 3-12 所示。

4）打开安装包，安装软件，并打开 Fusion 360 主界面，如图 3-13 所示。

图 3-12　下载 Fusion 360 软件

图 3-13　Fusion 360 主界面

（2）使用 Fusion 360 设计模型

因为我们目标是要做出像瑞士军刀那样可以旋转出钥匙的钥匙套，因此我们要根据钥匙孔的位置，还有钥匙的长短来决定钥匙套的尺寸和形状。另外，我们要考虑什么尺寸的螺钉可以让钥匙自由地转动。根据钥匙的自身特点，大钥匙的孔位上使用 M4 螺钉，小钥匙的孔位上使用 M3 螺钉，钥匙如图 3-14 所示。

图 3-14　钥匙

1）先把钥匙堆叠放好拍照。为了确保图片的尺寸能和模型对得上，我们通常拍照会摆放一些参照物，下面例子就是摆放了一把尺子，如图 3-15 所示。

2）测量螺钉和螺母的尺寸，如图 3-16 所示。记录螺钉、螺母的尺寸，得出数据见表 3-2。然而，如果我们直接使用测量数值建模，螺钉和螺母是套不进去的。如果需要零件能刚好套进孔位（如螺母部分），我们可以在测量值基础上增加 0.5~0.8mm；如果我们需要零件能轻易套进孔位，并且可以自由转动（如螺钉），我们可以在测量值基础上增加 1~1.5mm。螺钉和螺母的建模尺寸见表 3-2。

图 3-15 测量钥匙

图 3-16 测量螺钉和螺母的尺寸

表 3-2 螺钉和螺母的建模尺寸数据

零件	测量头直径（mm）	测量身直径（mm）	建模身头径（mm）	建模身直径（mm）
M3 螺钉	5.35	2.9	6.4	3.9
M3 螺母	5.66	–	6.2	–
M4 螺钉	6.9	3.92	7.9	5
M4 螺母	6.8	–	7.3	–

3）导入图片，用 Fusion 360 绘制草图。首先导入图片，然后摆正图片，如图 3-17 所示。

然后绘制一个边长 10mm 的立方体，通过缩放图片尺寸用来校准图片的大小。调好图片尺寸，就可以删掉立方体，如图 3-18 所示。

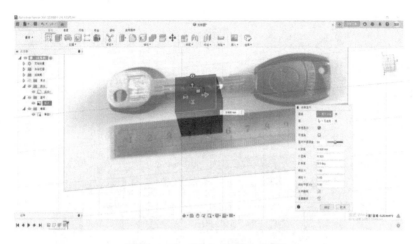

图 3-17 导入并摆正图片

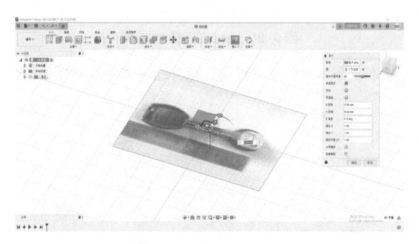

图 3-18 校准图片大小

4）根据之前的测量结果，绘制钥匙套的孔位和轮廓，如图 3-19、图 3-20 所示。

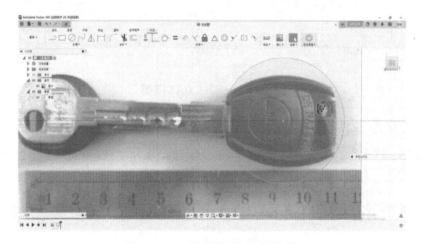

图 3-19 绘制钥匙套的孔位

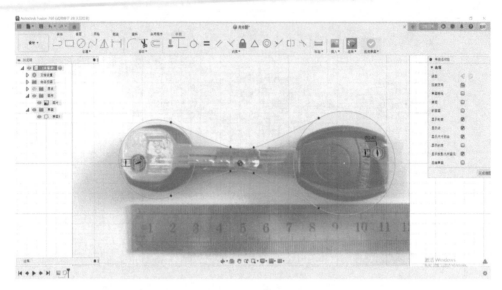

图 3-20　绘制钥匙套的轮廓

5）完成轮廓草图以后，就可以通过拉伸命令来变成立体模型，如图 3-21 所示。

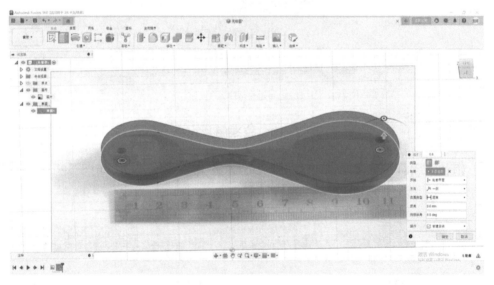

图 3-21　制作立体模型

6）使用圆角工具修整边缘，把边缘变得更加流畅，如图 3-22 所示。

7）根据画好的孔位，向下拉伸，切出螺母孔和贯穿螺钉孔，如图 3-23 所示。

8）在模型下方反方向重复之前几步，得出下方带螺钉头孔位的模型，如图 3-24 所示。

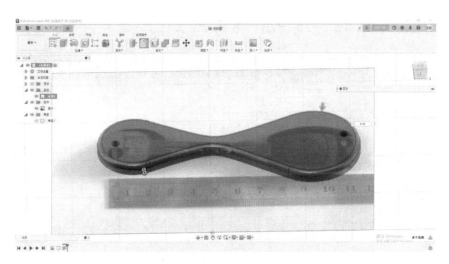

图 3-22 修整边缘

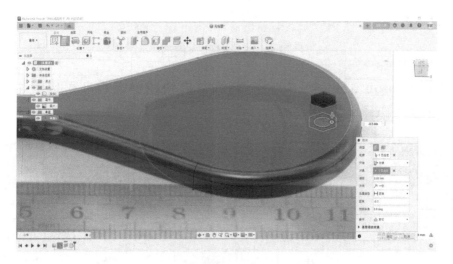

图 3-23 绘制螺母孔和贯穿螺钉孔

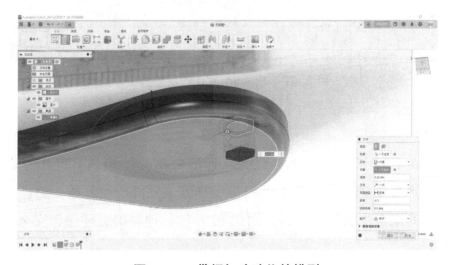

图 3-24 带螺钉头孔位的模型

9）钥匙套模型如图 3-25 所示，导出 stl 文件。

图 3-25   钥匙套模型

在使用 Fusion 360 时，如果能熟练掌握快捷键，效率可以大幅度提升，Fusion 360 常用快捷键如图 3-26 所示。

图 3-26   Fusion 360 常用快捷键

2. 材料的选择

使用 FDM 3D 打印技术时，最受欢迎的材料就是 PLA。PLA 学名是聚乳酸，是由可再生生物原料（如玉米淀粉或甘蔗）发酵产生乳酸，再经化学合成方法而得到的完全生物降解塑料。因此 PLA 比其他材料更环保和安全，也称为"绿色塑料"。

PLA材料的显著特点是打印时没有恶臭味，所以比较适合在家庭和教室里使用。而且PLA冷却时收缩并不是特别厉害，因此不一定需要热床来打印（有热床当然更好）。

PLA的打印品比ABS的更加精细，这意味着它打印出来的物品比较脆，材料的熔点在180~230℃。

PLA打印材料主要的特点是高强度，使用方便，耐用，抗冲击；是消费品的理想材料，可用于高速打印和更平滑的打印；持久性良好，但太热时会变形；弹性不足，比较脆；不溶解于化学品；硬度不及ABS；食品级安全；打印温度范围180~230℃；冷却时轻微收缩，不像ABS那么敏感；无须热床打印（有热床更好）；打印难度低，但打印温度、床高和打印速度要设置好。

PLA材料除了颜色众多外，还可以混入其他材料，形成新功能的耗材。例如，PLA混入夜光材料，就是夜光PLA材料，打印出来的物品就能在晚上发出荧光效果。

我们设计这款钥匙套，除了要满足外观要求外，还需要满足使用要求。夜晚在包里找钥匙，是件比较麻烦的事情，因为包里物品太多，光线不好，就很难找到钥匙。如果为钥匙套增加夜光功能，那我们就能方便地找到钥匙。PLA+夜光色系列材料如图3-27所示。如果钥匙套一半使用红色打印，另一半使用夜光材料，产品会怎样呢？

图3-27 PLA+夜光色系列材料

3. 模型切片

在3D打印之前，要先进行模型切片。切片软件比较常用的是Cura。当导入模型以后，就会发现钥匙扣竖起来了，因为Cura和Fusion 360的YZ方向不一致，通常我们需要手动翻转模型，让模型更容易打印，如图3-28所示。

摆放好模型以后，检查打印参数，如果是第一次打印，而且模型不需要生成支撑，通常使用默认参数就可以了。在这里我们介绍几个常用简单参数，更复杂的参数我们在后面的项目介绍，打印参数如图3-29所示。

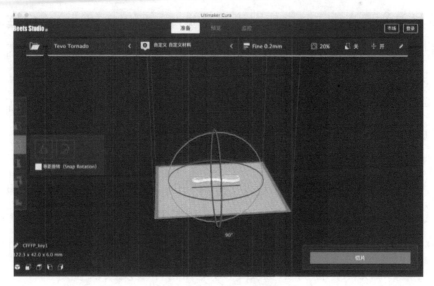

图 3-28　翻转模型

1）层高：一般 FDM 打印机是一层一层地把对象打出来，层高便是设定每一层的高度。层高越低，打出来的对象便会越光滑，不过打印时间便会越长。层高通常以微米（micron）作为单位，1 微米 = 0.001 毫米。

2）打印速度。打印速度就是打印头移动的速度，因为打印头需要不断克服加速减速，还有对挤出材料量进行控制，如果打印头移动太快，会对打印质量产生影响。通常打印 PLA 速度设成 30%~40%，不同材料的建议打印速度不一样。

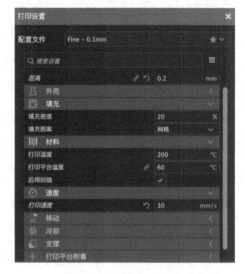

图 3-29　打印参数

3）打印温度：因为每种材料的熔点都不一样，因此不同材料要使用不同的打印温度，通常 PLA 打印温度是 200~215℃。打印的最佳温度和打印机品牌有关，因为不同品牌的生产工艺和添加物也不同，会导致最佳打印温度不同。通常打印温度越高，层与层黏合得更好，打印物体越结实。然而打印温度高，也会导致拉丝严重的问题。因此，打印机的最佳打印温度是需要根据品牌进行测试的。

所有参数检查好以后，我们按"切片"按钮，然后导出模型，保存到 SD 卡。

4. 打印模型

把 SD 卡插入打印机，选择好模型，之后的事情，就交给打印机了。因为市面上 3D 打印机品牌众多，操作方法虽然不一样，但都很简单，因此我们不做特别介绍。等到打印机完成打印，我们从打印机上铲下作品，打印就完成了！钥匙套主体如图 3-30 所示。

图 3-30　钥匙套主体

5. 组装和展示

将图 3-31 所示的材料，组装一套简单的钥匙套，如图 3-32 所示。

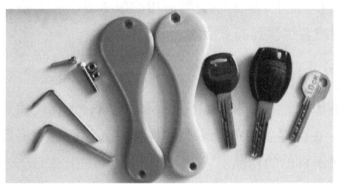

图 3-31　钥匙套材料

图 3-32　钥匙套成品

我们再来看看夜光效果，这是使用普通手机拍摄的效果，曝光时间 15 秒，如图 3-33 所示。

可能遇到的问题

如果打印出来的孔位插不进，或者太松了，怎么办？

简单的方法是调节尺寸重新打印，3D 打印通常需要不断迭代设计，才能达到一个比较好的效果。如果经常发现尺寸不对，你就要检查打印机固

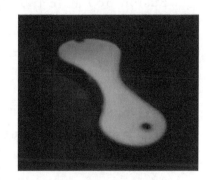

图 3-33　夜光效果

件的 step/mm 设置是否正确，但并不是所有品牌打印机都开放这个调节电机步长的设置，如果打印机没有这个设置，就只能联系厂家维修了。

改进设计

尝试使用 Fusion 360 增加更多个性化设计，如增加文字、增加图案等。

➔ 知识拓展

选择 Fusion 360 建模的优势

关于 3D 建模软件，我们的选择有很多，为什么推荐使用 Fusion 360 呢？

1. Fusion 360 功能强大，而且免费

Fusion 360 是 Autodesk 旗下的一款三维 CAD、CAM 和 CAE 工具，同时适用于 Mac 和 PC 的单个云平台，将整个产品开发流程紧密衔接在一起。

如果是学生，你可以在 3 年内免费使用 Fusion 360；如果是初创公司、业余爱好者或者发烧友，你也可以得到一个 1 年免费使用的版本。一年以后，你可以重新选择启动免费的权利或者过渡到商业版本。

2. Fusion 360 有众多免费教学资源

如果遇到任何软件使用的困难，在 Fusion 360 的网站搜索，你都能找到相应的讨论和相关的视频教学。在世界各地的众多创客群体中，他们也大多数使用 Fusion 360 来进行设计和展示自己的作品。

3. Fusion 360 正在变得越来越好

Fusion 360 正在不断发展，即使它现在没有所需要的功能，也许很快就会出现在下一次更新中，因为 Fusion 360 的背后是全世界第三大软件开发商 Autodesk，他们一直聆听 Fusion 360 社群的声音，每隔一两个月，Fusion 就会有一次更新。

尽管 Fusion 360 具有许多优势，但使用它的时候需要连接网络，有时候 Fusion 的不稳定或者启动缓慢都是由于网络速度慢造成的。

鉴定 3D 打印设备的实际打印精度

我们可以从打印品入手，以打印品的质量来反推打印机的产品精度。对于如何鉴定设备的精度，举两个例子，从不同的角度进行说明。

例 1：平面度、垂直度、悬垂量。

第一步，使用三维建模软件建立该量规模型，如图 3-34 所示。

第二步，校准数字模型。使用三维测量软件测量数字模型的尺寸，以确保其符合要求，并获得理论值。获得符合打印要求、一次成型的 3D 打印样品后开始以下步骤。

第三步，测量 3D 打印样品。使用相对应的测量工具实际测量 3D 打印样品的各个部分，每个位置至少测量三次取平均值，获得测量值。

图 3-34 平面度、垂直度、悬垂量综合量规

1）直线度：使用刀口尺和塞尺测量 X、Y、Z 三个方向上直线的直线度。

2）平面度：使用刀口尺和塞尺测量 X、Y、Z 三个方向上平面的平面度，测量在平面的纵向、横向和对角线方向上进行。

3）垂直度：使用宽座角尺和塞尺测量 X、Y、Z 三个轴之间的垂直度。

4）悬垂量：用游标卡尺测量 X、Y 方向上圆孔的直径（Z 方向），计算悬垂量。

第四步，获取几个测量位置的理论值及实际值，填写表 3-3、表 3-4，进行对比。

表 3-3 悬垂量测量样表

单位：mm

测量位置	理论值	测量值	测量位置	理论值	测量值
DX1	1		DY1	1	
DX2	2		DY2	2	
DX3	3		DY3	3	
DX4	4		DY4	4	
DX5	5		DY5	5	
DX6	6		DY6	6	
DX7	7		DY7	7	
DX8	8		DY8	8	
DX9	9		DY9	9	
DX10	10		DY10	10	

表 3-4 直线度、平面度、垂直度测量样表

单位：mm

测量目标	测量值
直线度	
平面度	
垂直度	

例 2：圆角量规。

第一步，使用三维建模软件建立量规模型，如图 3-35 所示。

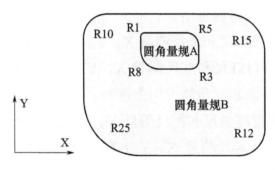

图 3-35 圆角量规

第二步，校准数字模型。使用三维测量软件测量数字模型的尺寸，以确保其符合要求，并获得理论值。获得符合打印要求、一次成型的 3D 打印样品后开始以下步骤。

第三步，测量 3D 打印样品。使用相对应的测量工具实际测量并计算 R1 ~ R25 各个圆角 8 个标准数据与实测数据的偏差值，进行校验，采用半径样板测量圆角。同一个位置测量三次取平均值。

第四步，获取几个测量位置的理论值及实际值，填写表 3-5，进行对比。

表 3-5 圆角测量样表

单位：mm

测量位置	理论值	测量值	测量位置	理论值	测量值
R1			R10		
R3			R12		
R5			R15		
R8			R25		

测量获得的结果进行评价，以此来划分不同等级的样品精度，从而推论打印该种样品的 3D 打印设备在打印圆角时的精度。每台 3D 打印机在获取全部的数据后，可针对相应的评价体系对每组数据进行精密度等级的评价，最后再得出最终精密等级的结论报告。同一个精密等级的 3D 打印机也会因结构的不同会有不同的方向上的优势。

项目实践

学生完成 3D 打印技术应用工作手册的"项目 3 打印齿轮模型"，记录计划实施的完成情况，填写质量检查。

学生完成"项目 3 打印齿轮模型"后，开展评价反馈，完成思考与练习。在实训成绩单中，进行自我评分、教师评分和学生评分。

项 目 总 结

本项目介绍了不同品牌打印机的特性；通过任务实施，学生熟悉了常用的三维模型处理软件的种类和特点，能根据设计需求选择适当的软件设计的方法，学习了从三维模型的构建、编辑、打印成型的整个过程；能够根据具体的 3D 打印项目，确定合适的 3D 打印机。

项目 4
体验不同 3D 打印材料

项目导入

　　小白同学经过 3D 打印项目的实践后，发现在 3D 打印领域，3D 打印材料一直扮演着重要的角色。于是，他查阅图书和相关资料后，发现 3D 打印材料是 3D 打印技术发展的重要物质基础。在某种程度上，材料的发展决定了 3D 打印能否得到更广泛的应用。目前，3D 打印材料主要包括工程塑料、光敏树脂、橡胶材料、金属材料、陶瓷材料等。另外，彩色石膏材料、细胞生物材料、砂糖等也用于 3D 打印领域。

　　这些用于 3D 打印的原材料是专门为 3D 打印设备和工艺而开发的，不同于普通塑料、石膏、树脂等，其形态一般为粉末、丝绸、片状、液体等。

　　那么，不同的材料和 3D 打印技术的结合会碰撞出怎样的火花呢？

学习目标

- 了解不同 3D 打印材料的属性、特点与应用范围。
- 了解金属模型打印机的选择，打印流程中的注意事项。
- 掌握打印 3D 金属模型的步骤。
- 了解混凝土模型打印机的选择，打印流程中的注意事项。
- 掌握熔融挤压成型技术后处理方法。

- 具备对增材制造材料、产品的管理能力。
- 具有创造力，能通过改进材料性质，节约增材制造的成本。
- 熟知 3D 打印材料的物理化学特性、适用领域。
- 具有良好的人际沟通能力，能够与他人开展合作，为客户提供良好的增材技术服务。

项目导图

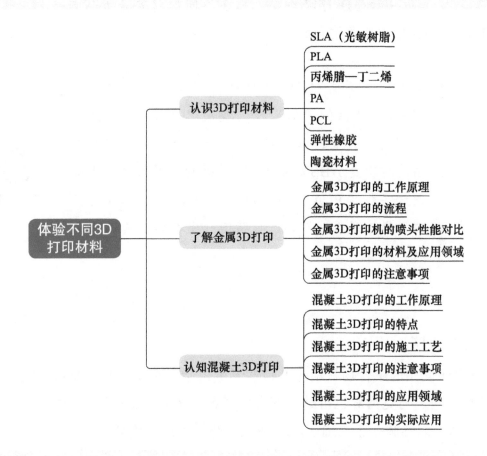

任务 1　认识 3D 打印材料

认识 3D 打印材料

⊙› 任务情景

彩色石膏材料、细胞生物材料、砂糖等材料都可以用于 3D 打印领域，那么不同的材料是如何与 3D 打印技术结合的？

小白同学

了解不同的 3D 打印材料，能够拓展我们对 3D 打印产品的认知，找到我们感兴趣的与 3D 打印相关的行业，做好自己的职业规划。3D 打印通用的材料是 ABS 树脂和 PLA 树脂。下面我们将从便于实践的 PLA 材料开始，逐步打开 3D 打印材料的世界。跟着我制作一款精美的斗兽棋，领略 PLA 材料的魅力。

技术老师

⊙› 技术知识点

3D 打印使用的聚合物材料主要包括光敏树脂、热塑性塑料及水凝胶等。纸张、淀粉、糖、巧克力等也可纳入聚合物材料的范畴。3D 打印的材料可以分为 SLA、PLA、丙烯腈—丁二烯、PA、PCL、弹性橡胶、陶瓷材料等。

1. SLA（光敏树脂）

光敏树脂是最早应用于 3D 打印的材料之一，适用于光固化成型（Stereo Lithography Apparatus，SLA），主要成分是能发生聚合反应的小分子树脂（预聚体、单体），其中添加有光引发剂、阻聚剂、流平剂等助剂，能够在特定的光照（一般为紫外光）下发生聚合反应实现固化。光敏树脂并不算一种新的材料，与其原理类似的光刻胶、光固化涂料、光固化油墨等已经在电子制造、全息影像、胶粘剂、印刷、医疗等领域得到广泛应用。

（1）SLA 材料的分类

SLA（光敏树脂）可以分为半透明、不透明、高透明这三种类型，如图 4-1 所示。表 4-1 选取了三种不同型号的 SLA 材料介绍其特点与参数。

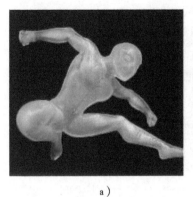 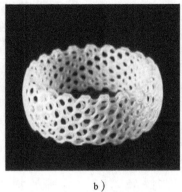 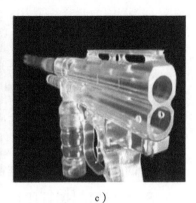

a) 　　　　　　　　　　　b) 　　　　　　　　　　　c)

图 4-1　光敏树脂类型

表 4-1　三种不同型号的 SLA 材料特点与参数

名称	材料特点	材料参数
通用型 SZUV - - 8001	高精度的 3D 打印光敏聚合物，具有快速固化、高强度、不易变形、低收缩率的特点	颜色：乳白色 密度：1.12g/cm³ 含水率：38Dyn/cm 拉伸强度：80～90MPa 折光率：0.35% 黏度：300cps@25℃ 断裂延长率：11%～20% 挠曲强度：63.1MPa～74.2MPa
坚韧型光敏树脂材料 SomosNeXT	打印效果呈白色，材料韧性好，稳定性高，精度和表面质量也非常好，耐吸湿	颜色：白色 黏度：1000cps@30℃ 反应速度：67 E10 mJ/cm² 拉伸强度：30～40 MPa 杨氏模量：2430 MPa 缺口冲击强度：50 J/m 热变形温度：56℃ 延伸率：9%@ 断裂

（续）

名称	材料特点	材料参数
透明光明树脂材料 Somos ®WaterShed XC 11122	透光率可达 90%，透明无色，耐用，防水	颜色：透明无色 黏度：~260cps@30℃ 密度：~1.12g/cm³ 拉伸强度：30 ~ 40 MPa 杨氏模量：~2700 MPa 折射率：1.512~1.515 吸水率：0.35% 挠曲强度：63.1MPa~74.16MPa

SLA（光敏树脂）通常为乳白色，外表光滑，质感较好，但通常韧性较小，小件或薄件容易断裂。

（2）SLA 材料的分类

市面上 SLA 材料根据品牌的不同，可分为优扬、玺太、创想三维等。

SLA 材料根据打印运用环境的不同，分为外观概念型、结构测试型、零件型、模具型这几种。

1）外观概念型：对 3D 打印件的成型精度要求不高，一般用来制作艺术品或者产品的外壳。要求打印样件表面光滑，方便去除支撑，具有一定的韧性。

2）结构测试型：对打印件的刚度、韧性、耐温性、抗蚀性等特性有一定的要求，对成型件的精度要求较高，打印件用于结构功能测试。

3）零件型：用于产品残缺零件的替代，对材料的力学和化学性能有着一定的要求。

4）模具型：对硬度和刚性也有一定的要求，并且要方便去除支撑，残料少。

（3）SLA 材料的优点

在环境保护方面，传统工艺制作大件高精度雕塑工艺品时，一般采用石膏、玻璃钢、PVC、ABS 等作为材料制作，期间会产生大量的粉尘污染和废弃材料。而运用 SLA 材料的 3D 打印机制作产品能实现无粉尘、无废弃、无污染，实现环境保护。

（4）SLA 材料的缺点

1）SLA 3D 打印可选择的材料种类有限，必须是光敏树脂。树脂原料有刺鼻气味、易燃且保存期限较短，对环境有污染，也可能使操作人员皮肤过敏，且新旧树脂也不能混合使用，因此会导致成本增加，材料的价格相对而言较高。

2）成型件多为光敏树脂，由这类树脂打印出的打印件在大部分情况下都不能进行刚度、耐久性、耐热性和强度试验，并且随着时间推移，打印件会逐渐软化，导致打印件的薄部分出现弯曲和卷刺的情况。

3）后处理相对麻烦，需要使用乙醇等刺激性化学品进行清洁，并且需要在光固化中进行长时间固化后才能进行下一步的二次固化、防潮处理等工序。

2. PLA

PLA 是可降解的环保塑料，打印性能较好，是一种较为理想的 3D 打印热塑性聚合物，已广泛应用于教育、医疗、建筑、模具设计等行业。PLA 是 FDM 最常用的耗材，因价格便宜而十分普及。

3. 丙烯腈 – 丁二烯

丙烯腈 – 丁二烯是 FDM 最常用的耗材，因价格便宜而十分普及。丙烯腈 – 丁二烯是常见的工程塑料，具有较好的机械性能，但 3D 打印条件要求苛刻，在打印过程中容易产生翘曲变形，且易产生刺激性气味。

4. PA

PA 是一种半晶态聚合物，经 SLS 成型后能得到高致密度且高强度的部件，是 SLS 的主要耗材之一。SLS 中所使用的 PA 需具有较高的球形度及粒径均匀性，通常采用低温粉碎法制备得到。通过加入玻璃微珠、黏土、铝粉、碳纤维等无机材料可制备出 PA 复合粉末，这些无机填料的加入能显著提高 PA 某些方面的性能，如强度、耐热性能、导电性等，以满足不同领域的应用需求。

5. PCL

PCL 是一种无毒、低熔点的热塑性塑料，PCL 丝材主要作为儿童使用的 3D 打印笔的耗材，因打印温度较低（80℃~100℃）而有较高的安全性。值得一提的是，PCL 具有优异的生物相容性和降解性，可以作为生物医疗中组织工程支架的材料，通过掺杂纳米羟基磷灰石等材料，还能够改善力学性能及生物相容性。

6. 弹性橡胶

弹性橡胶是一种具有良好弹性的热塑性聚合物，其硬度范围宽且可调，有一定的耐磨性、耐油性，适用于鞋材、个人消费品、工业部件等的制造。结合 3D 打印技术可以制造出传统成型工艺难以制造的复杂多孔结构，使得制件拥有独特且可调控的力学性能。采用 SLS 工艺打印的多孔结构弹性橡胶鞋垫的弹性性能和使用强度已达到市场使用标准。

7. 陶瓷材料

陶瓷材料是人类使用的最古老的材料之一，但在 3D 打印领域属于比较"年轻"的材料。这是因为陶瓷材料大多熔点很高甚至无熔点（如 SiC、Si_3N_4），难以利用外部能场进行直接成型，大多需要在成型后进行再处理（烘干、烧结等）才能得到最终的制品，这便限制了陶瓷材料 3D 打印的推广。然而其有硬度高、耐高温、物理化学性质稳定等聚合物和金属材料不具备的优点，在航天航空、电子、汽车、能源、生物医疗等行业有广泛的应用前景。

➔ 任务实施

本任务中，我们采用使用 PLA 材料，通过 UG 设计软件设计一款斗兽棋，并用 FDM 3D 打印机打印出斗兽棋进行游戏。

1. 准备材料

1）一台 FDM 3D 打印机，尺寸大于 100mm×100mm×100mm。

2）FDM 3D 打印材料，推荐使用 PLA 材料。

3）建模软件，推荐使用 UG。

4）切片软件，这里使用 Allcct，也可以使用 Cura。

2. 安装 UG

（1）UG 的优势

1）UG 模具设计作图方便、简单，半参数化建模。

2）UG 培训多，UG 技术网站比其他 3D 软件的技术网站要多，UG 用户量庞大。

3）UG 既可以进行造型和三维设计，也可以进行编程和后期的模具设计。

（2）UG 的安装

UG 软件有正版和试用版之分，如果需要用到后期的编程和加工的建议安装正版。对于初学者来说，如果我们只是用 UG 来进行建模，那么试用版的功能就已经完全够用了，下面就来介绍下 UG 的安装方法。

1）先下载 UG 的安装包，并解压。

2）安装 Java。安装解压文件里面的文档，耐心等待安装完成，如图 4-2 所示。

3）安装许可证，如图 4-3 所示。

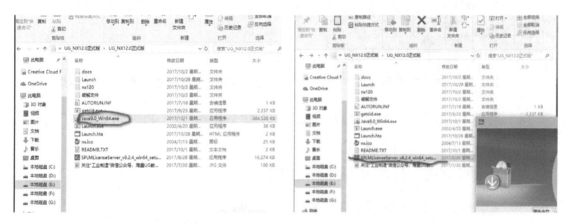

图 4-2　解压安装文件　　　　　　　　图 4-3　安装许可证

4）安装完成后，复制破解文件。将 NX12.0License_Servers 文件夹复制到许可证安装目录，如图 4-4 所示。以管理者身份运行 install_or_update.bat 文件。

5）现在来启动许可证文件。先停止许可证，再打开，如图 4-5 所示。

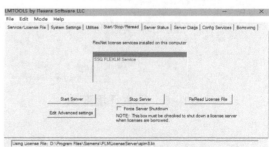

图 4-4　复制破解文件到许可证安装目录　　　　图 4-5　启动许可证文件

6）接下来单击"Install NX"按钮安装主程序，如图 4-6 所示。值得注意的是，要把 @ 主机名前面的 28000 改为 27800。

7）等待安装完成。安装完成后复制破解文件 NX 12.0 文件夹到安装目录，如图 4-7 所示。

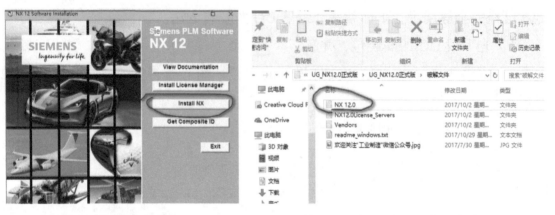

图 4-6　安装主程序　　　　　　　　　图 4-7　复制破解文件到安装目录

8）设置环境变量。如果显示为 27800 就不用改了，如果是 28000 就改为 27800，其他不变，如图 4-8 所示。

9）重启计算机，打开 NX 12.0，如图 4-9 所示。

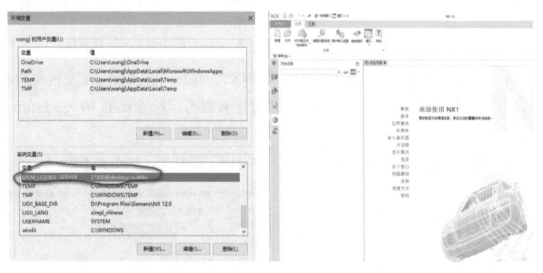

图 4-8　设置环境变量　　　　　　　　　图 4-9　打开 NX 12.0

3. 熟悉 UG 软件的产品建模

1）启动 UG NX 软件，如图 4-9 所示。

2）新建一个文件或打开一个已经存在的文件，如图 4-10 所示。

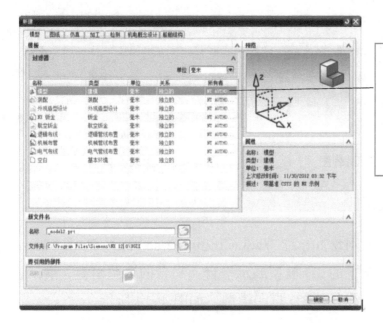

在打开的"新建"对话框中选择"模型"标签页中的"模型"选项，设置其单位、名称及保存位置，然后单击"确定"按钮完成文件的新建

图 4-10　新建一个文件

3）调用相应的模块，如图 4-11 所示。

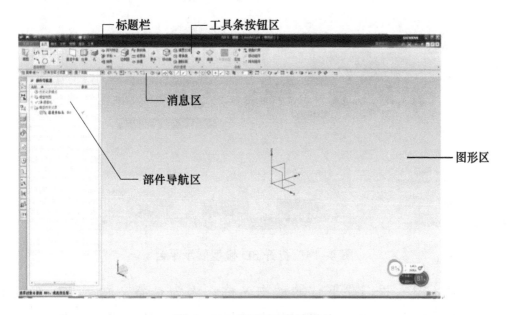

图 4-11　调用相应的模块

4）选择具体的命令进行相关操作。绘制草图，如图 4-12 所示。

5）生成实体模型，如图 4-13 所示。之后，保存文件。

绘制产品的草图

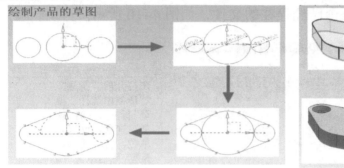

图 4-12　绘制草图

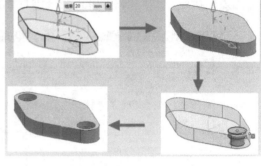

图 4-13　生成实体模型

4．设计斗兽棋模型

1）下载模型。输入网址 https：//www.thingiverse.com，Thingiverse 是美国纽约 MakerBot 公司旗下的 3D 模型展示平台，平台的资源丰富，展示设计师的 3D 艺术作品，可以下载各种 3D 打印模型，如图 4-14 所示。

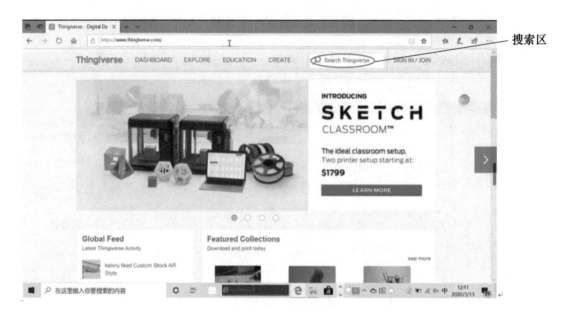

图 4-14　打开 3D 模型展示平台

在搜索区输入我们要下载的动物名称，因为是英文网，所以要输入英语，如 "elephant"，就会弹出很多大象的模型，单击我们需要的模型进入，如图 4-15 所示。

单击下载，另存模型到我们要下载的位置即可，如图 4-16 所示。

可以用同样的方法下载其他所需的动物模型。

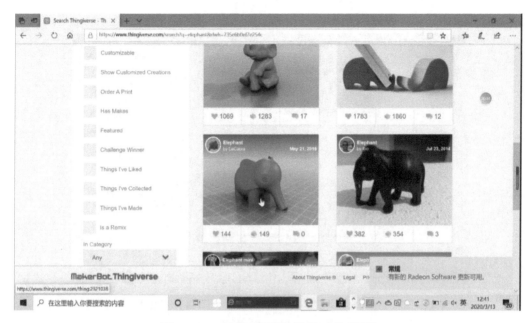

图 4-15 搜索需要下载的动物模型

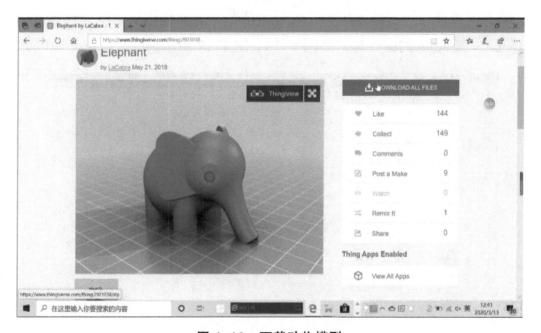

图 4-16 下载动物模型

2）设计底座。查找相关棋子的资料，我们借用了国际象棋的想法，使底座既能美观又有稳固性，并且能和上面的动物模型完美地配合在一起。

打开 UG，单击左上角"新建"命令，选择"模型"，名称改为"dizuo"，为了保证文件的有效性，UG 文件尽量用英文命名，如图 4-17 所示。

1. 新建

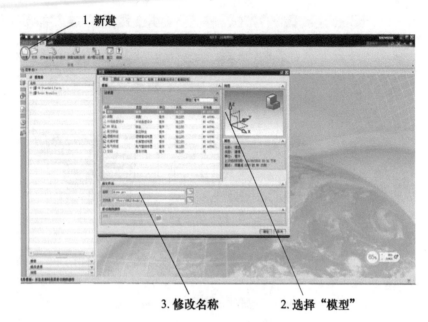

3. 修改名称   2. 选择"模型"

图 4-17　设计斗兽棋底座

单击"菜单"→"插入"→"设计特征"→"圆柱体"命令，绘制一个直径 36mm、高 5mm 的圆柱体，如图 4-18、图 4-19 所示。

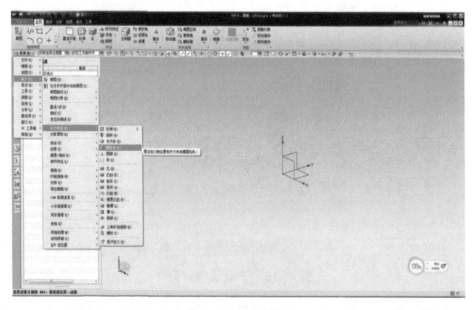

图 4-18　选择命令

同样的方法叠加另一个圆柱体，布尔计算"求和"，如图 4-20 所示。

单击工具栏中的拔模图标 拔模 ，设置拔模对话框。对下面的圆柱进行"拔模"，如图 4-21 所示。

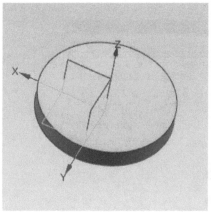

图 4-19　绘制圆柱体

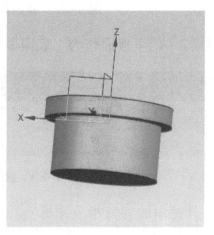

图 4-20　布尔计算"求和"

图 4-21　拔模

类型选择"从平面或曲面",脱模方向选择"Z 向正方向",脱模方法选择"固定面",并点选圆柱(2)的下表面,要拔模的面点选圆柱(2)的侧表面,拔模角度设置为"15",设置完毕后,参数设置及底座效果如图 4-22 所示。

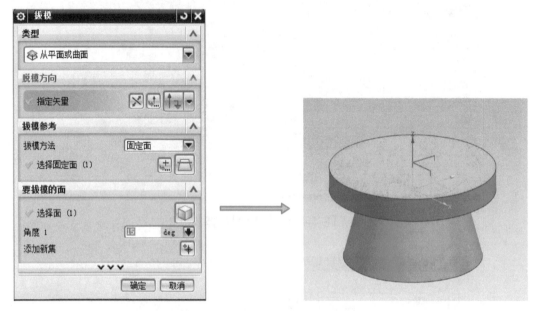

图 4-22　参数设置及底座效果

以圆柱(2)的下表面作为上表面做旋转体,如图 4-23 所示。

图 4-23　选择旋转命令

单击工具栏中的旋转指令图标 ，如图 4-23 所示。绘制如图 4-24 所示草图。

绘制完毕后,设置旋转对话框,完成底座设计,底座最终效果如图 4-25 所示。

3)用 UG 把两个模型合二为一。

先把下载的大象模型转成 prt 格式。打开 UG 后,单击"文件"→"导入"→"STL"命令,找到下载的大象模型后确定。然后单击"保存"→"另存为"命令将大象模型转换成 prt 格式,如图 4-26 所示。

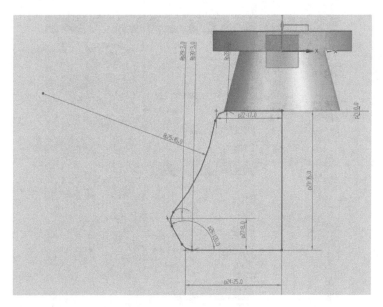

图 4-24 绘制草图

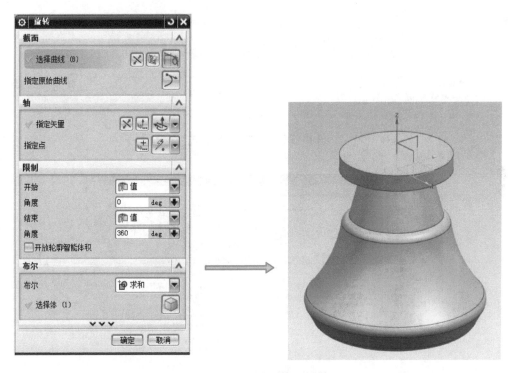

图 4-25 底座最终效果

单击"文件"→"新建"命令,选择装配模块后,单击"确定"按钮,如图 4-27 所示。

弹出添加组件对话框后,单击右侧文件夹,把底座和大象模型导入软件,如图 4-28 所示。

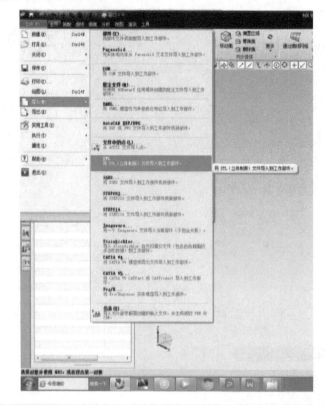

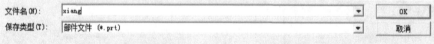

图 4-26　转换 prt 格式

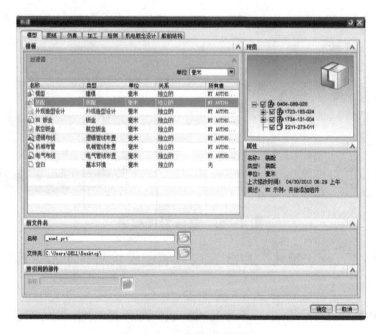

图 4-27　选择装配模块

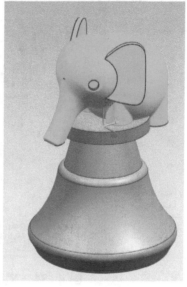

a)　　　　　　　　　　　b)

图 4-28　把底座和大象模型导入软件

通过移动大象组件，使两者安置正确，如图 4-29 所示。

添加装配约束，如图 4-30 所示。

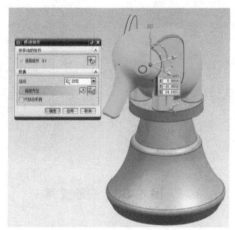
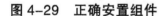

图 4-29　正确安置组件　　　　图 4-30　添加装配约束

单击"文件"→"导出"→"STL"格式命令，导出 STL 格式文件。

5. 使用 FDM 打印机打印模型

1) 模型切片。打印斗兽棋模型之前，我们先把模型导入切片软件进行切片，然后选择合适的支撑，这里选择了局部支撑。模型切片参数如图 4-31 所示。

图 4-31　模型切片参数

2）用 FDM 打印机打印斗兽棋模型，打印过程如图 4-32 所示。

3）打印完成，去除支撑，如图 4-34 所示。

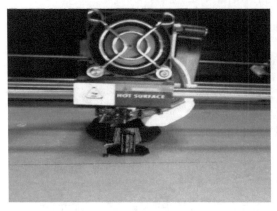

a)　　　　　　　　　b)

图 4-32　FMD 打印机打印斗兽棋模型过程　　**图 4-33　去除支撑**

6. 建模思路解析

因为下载的模型是 STL 格式的，在导入 UG 软件后是轻量级体，没办法选中它的面，装配的时候只能靠移动大象的位置来确定它和底座的安装。这样会出现数据的不确定性，有可能导致配合不够紧密，所以我们在设计底座的时候可以采用以下方法解决。

先在 UG 里导入下载的动物模型，如图 4-34 所示，在模型上直接做出底座。

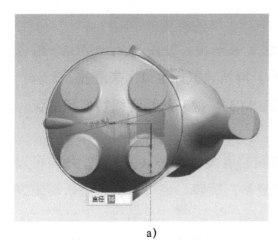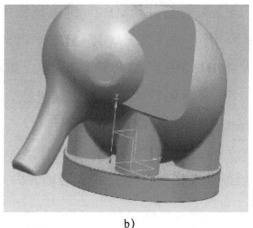

a)　　　　　　　　　　　　　　b)

图 4-34　导入下载的动物模型

制作底座，完成棋子建模，如图 4-35 所示。

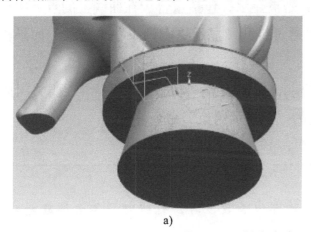

a)　　　　　　　　　　　　　　b)

图 4-35　制作底座

以上方法可以直接绘制出棋子的模型，更适合于单个棋子的设计，避免了装配环节。

7. 建模技巧

在使用 UG 建模的时候，还有以下一些技巧。

1）当平移工作坐标系时通过按住 <Alt> 键，可以执行精确定位。

2）制图中，可以在线性尺寸上按 <Shift> 键拖动来创建狭窄型尺寸。

3）绘制草图时，点线显示与其他对象对齐，虚线显示可能的约束。使用 <MB2> 键（鼠标中键）来锁定所建议的约束。

4）在制图中，当没有活动的对话框时，可以拖动尺寸来移动其原点并自动判断其指引线侧。

5）可以按住 <MB2> 键（鼠标中键）并拖动来旋转视图。使用 <Shift+ MB2> 组合键（或 <MB2+MB3> 组合键）来平移。使用 <Ctrl+MB1> 组合键（或 <MB1+MB2> 组合键）来放大 / 缩小。滑轨式鼠标也可用来缩放。

6）在草图轮廓中，可以通过按 / 拖 <MB1> 键来从画直线切换到画弧。通过移动光标来获取所需要的弧。

7）在任何时候双击动态工作坐标系可将其激活。一旦被激活，用户可以使用捕捉点来拖动原点，或者沿轴方向来拖动，旋转，也可以双击一条轴使方向逆反。

8）在草图约束中，选择要约束的曲线后，系统将显示可用约束的列表。已经应用的约束将显示为灰色。用户还可以按 <MB3> 键弹出菜单，选择约束。

9）在草图中，一些约束总是被显示，包括重合、在曲线上的点、中点、相切和同心的。其他的约束可以通过打开"显示更多约束"来显示。如果相关几何体太小，约束不显示。

要看到任何比例的所有约束，关闭设置"动态约束显示"。要关闭所有约束，可使用草图约束工具条上的"不显示约束"命令。

思 考

图 4-36 模型的外形轮廓线条较多时，打印时应怎么摆放能减少支撑对外形的影响呢？

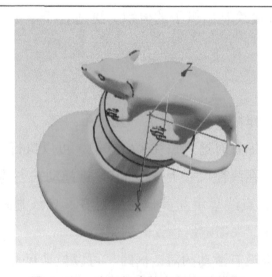

图 4-36　外形轮廓线条较多的模型

知识拓展

3D 打印材料的现行标准

可查询的关于 3D 打印的材料标准有两份，其一是《熔融沉积成型用聚乳酸（PLA）线材》，标准号为 GB/T 37643—2019；其二是《聚己内酯（PCL)》，标准号为 GB/T 37642—2019，如图 4-37 所示。两个标准分别对 PLA 及 PCL 做出了详细的要求以供参考，文内详细规定了材料的特性、制作原理、需要的标识、具体参数以及实际应用中的通用数据。

以 PLA 为例的外包装上需标明线材直径、材质名称、净含量、匹配的打印温度等。对于产品的外观也有详细的规定，PLA 线材应色泽均匀，无明显色差，无毛刺，无鼓包，无凸起等十几项说明，这些都是有利于线材更好地进行打印。这样的规定进一步规范了市场，仔细阅读就可大大降低在购买时买到残次品的概率。文内还指出了材料的含水率，对于会因潮湿而改变些许性能的材料而言，这点十分重要。在贮存方面也明确指出相应的条件及使用周期。

a)　　　　　　　　　　　　b)

图 4-37　3D 打印材料现行标准

任务 2　　了解金属 3D 打印

了解金属
3D 打印

任务情景

小白同学

　　3D 打印材料种类还是很多的，那 3D 打印机可以使用的金属材料有哪些呢？

　　铁基合金、钛及钛基合金、镍基合金、钴铬合金、铝合金、铜合金及贵金属等均可用于 3D 打印。铁基合金是 3D 打印金属材料中研究较早、较深入的一类合金。

技术老师

小白同学

较常用的铁基合金有哪些？

　　工具钢、316L 不锈钢、M2 高速钢、H13 模具钢和 15-5PH 马氏体时效钢等。

技术老师

技术知识点

1. 金属 3D 打印的工作原理

　　金属 3D 打印最常见的形式是粉末床熔融。这类工艺使用热源（SLM 工艺使用激光，EBM 工艺使用电子束）逐点将粉末颗粒熔融在一起，逐层加工至物件完成。粉末床熔融系统有热源和粉末分布控制机制。

2. 金属 3D 打印的流程

　　首先导入 3D 数字模型到 3D 打印机，激光将金属颗粒熔化，连续逐层形成部件及其支撑，完成模型取出后去除遗留的松散粉末，放入机器再进行高温回火热处理，去除支撑，最后打磨喷砂抛光处理。金属 3D 打印的流程如图 4-38 所示。

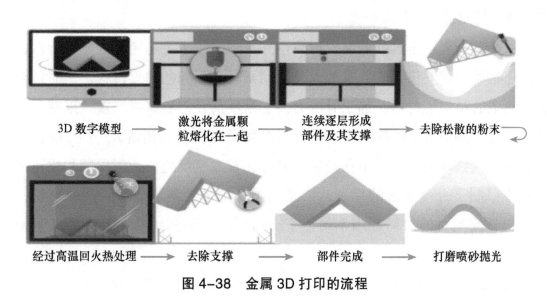

3D 数字模型　→　激光将金属颗粒熔化在一起　→　连续逐层形成部件及其支撑　→　去除松散的粉末

经过高温回火热处理　→　去除支撑　→　部件完成　→　打磨喷砂抛光

图 4-38　金属 3D 打印的流程

3. 金属 3D 打印机的喷头性能对比

金属 3D 打印机主要以对比喷头性能为主，市场上常见的几款金属 3D 打印机喷头在速度、精度、稳定性、寿命等方面的对比见表 4-2。

表 4-2　爱普生、理光和精工喷头性能对比

性能类型	性能对比
打印精度	爱普生五代喷头 > 精工 gs1024 喷头 > 理光喷头
喷头寿命	精工喷头 > 理光喷头 > 爱普生喷头
喷头价格	理光五代喷头 > 精工 gs1024 喷头 > 爱普生五代喷头
喷头稳定性	精工喷头 > 理光喷头 > 爱普生喷头
配套涂层光油工艺方案	爱普生喷头 > 精工喷头 > 理光喷头
对应厂家技术水平	精工喷头 > 理光喷头 > 爱普生喷头

4. 金属 3D 打印的材料及应用领域

按照材料种类划分，3D 打印金属材料可以分为铁基合金、钛及钛基合金、镍基合金、钴铬合金、铝合金、铜合金及贵金属等。

铁基合金是 3D 打印金属材料中研究较早、较深入的一类合金，较常用的

铁基合金有工具钢、316L 不锈钢、M2 高速钢、H13 模具钢和 15-5PH 马氏体时效钢等。铁基合金使用成本较低、硬度高、韧性好，同时具有良好的机械加工性能，特别适合于模具制造。

钛及钛合金由于其强度高、耐热性好、耐腐蚀、生物相容性好等特点，成为医疗器械、化工设备、航空航天及运动器材等领域的理想材料。然而钛合金属于典型的难加工材料，加工时应力大、温度高，刀具磨损严重，限制了钛合金的广泛应用。而 3D 打印技术特别适合钛及钛合金的制造，一是 3D 打印时处于保护气氛环境中，钛不易与氧、氮等元素发生反应，微区局部的快速加热冷却也限制了合金元素的挥发；二是无须切削加工便能制造复杂的形状，且基于粉材或丝材的材料利用率高，不会造成原材料的浪费，大大降低了制造成本。

3D 打印金属材料——金、银、铜、铁、锌的应用领域见表 4-3。

表 4-3　3D 打印金属材料的应用领域

3D 打印金属材料	应用领域
金	主要用于首饰等装饰用途
银	主要用于精密仪器等。主要应用的是银优良的导电性，有时和其他金属制成合金使用
铜	主要用来做长距离的导线（价格相对便宜，导电性好，密度较高，耐腐蚀性较好）
铁	主要将铁与碳制成合金钢，如刃具钢，轴承钢，不锈钢，建材钢
锌	主要用于防腐材料合金的成分，如镀锌板等

不锈钢 316L 的特点：奥氏体不锈钢 316L，具有高强度和耐腐蚀性，可在很宽的温度范围下降到低温，316L 不锈钢还具有良好的耐氯化物侵蚀的性能。主要应用方向有：汽车零配件制造、轮船零配件制造、核电行业零配件制造、石油勘探零配件制造，以及珠宝、手表、眼镜模型等。不锈钢 316L 的材料性能如图 4-39 所示。

5. 金属 3D 打印的注意事项

在金属 3D 打印过程中，设备操作者要注意表面光洁度粗糙、孔隙、密度低、残余应力、裂纹、翘曲等问题。

不锈钢 316L			
性能	测试标准	单位	数值
制作密度		g/cm^3	≥ 7.90
打印态性能（XY 方向）			
抗拉强度	ISO6892-1	MPa	637 ± 50
屈服强度	ISO6892-1	MPa	550 ± 50
断后伸长率	ISO6892-1	%	34 ± 5
硬度	ISO6507-1/ISO6508-1	HV/HRC	215 ± 10 HV5/15
热处理态性能（XY 方向）			
抗拉强度	ISO6892-1	MPa	600 ± 50
屈服强度	ISO6892-1	MPa	n/a
断后伸长率	ISO6892-1	%	45 ± 5
硬度	ISO6507-1/ISO6508-1	HV/HRC	190 ± 10 HV5/15

图 4-39　不锈钢 316L 的材料性能

（1）表面光洁度粗糙

在金属 3D 打印件放置陈列室前，它已经经历了大量类似 CNC 加工、喷砂后处理工艺，因为 3D 打印出来的金属件表面是凹凸不平的。

受工艺本身的影响，直接能量沉积法生产的是接近最终形状的零件，它必须进行 CNC 处理以满足相应规格要求。粉末床熔融方式生产的零件更接近其最终形状，但是其表面依然粗糙。为提高表面光洁度，可采用更细的粉末、更小的层厚。但这种方式会提高材料成本，故需要在表面光洁度和成本间取平衡。有时采用粒径较粗的粉末可以降低成本。不管零件表面如何粗糙，零件都可以采用不同等级的后处理操作。

（2）孔隙

金属 3D 打印过程中，零件内部非常小的孔穴会形成孔隙，这是由 3D 打印工艺本身或者粉末状打印材料引起的。这些微孔会降低零件的整体密度，导致裂纹和疲劳问题的出现，光学显微镜下金属内部的孔隙问题如图 4-40 所示。

在雾化制粉过程中，气泡可能在粉末的内部形成，它将转移到最终的零件中。由于这个原因，有必要从优秀供应商手中采购材料。

更常见的是，3D 打印过程本身会产生小孔。比如当激光功率过低，会导致金属粉末没有充分熔融。当功率过高，会出现金属飞溅的现象，融化的金属飞出熔池进入周围区域。

当粉末的尺寸大于层厚，或者激光搭接过于稀疏，将会出现小孔。熔化的金属没有完全流到相应的区域也会造成小孔出现。在粉末床熔融工艺中，采取激光分区扫描的模式可以减少孔隙量。用这种类似棋盘的填充模式代替单向扫描策略，减小了温度梯度。

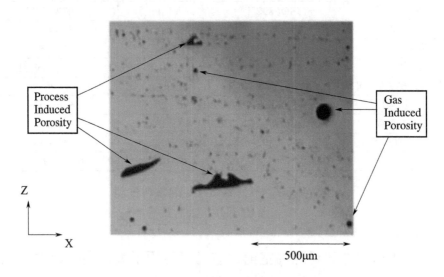

图 4-40　光学显微镜下金属内部的孔隙问题

在 SLM 工艺中，可以通过调整光斑形状来减少粉末飞溅，"脉冲整形"可以实现区域逐渐融化。对于 EBM 工艺，电流会导致粉末颗粒从粉末床飞溅，可以通过电子束快速扫描预热粉末床来改善。

Forecast 3D 金属打印实验室的经理 Jim Gaffney 给出了以下减少孔隙的建议："对于 SLM 工艺，高品质金属粉末、合适的加工参数、合理的环境控制能保证产品致密度达到 99% 以上，最终零件可以通过热等静压去除残余的孔隙。"

也可以通过渗入其他材料的方式来减少孔隙，如渗铜。但添加辅助材料会改变零件的化学成分，也可能会破坏零件原始的设计应用场景。

（3）密度低

零件的密度与孔隙量成反比。零件气孔越多，密度越低，在受力环境下越容易出现疲劳或者裂纹。对于关键性应用，零件的密度需要达到 99% 以上。

除了控制孔隙量的方式，粉末的粒径分布也可能影响到零件的密度。球形颗粒不仅会提高粉末的流动性，也可以提高零件的密度。此外，较宽的粉末粒径分布允许细粉末填充于粗粉末的间隙，导致密度更高。但是，宽粉末粒径分布会降低粉末的流动性。

（4）残余应力

在金属 3D 打印中，残余应力由冷热变化、膨胀收缩过程引起。当残余应力超过材料或者基板的拉伸强度，将有缺陷产生，如零件有裂纹或者基板翘曲。

残余应力在零件和基板的连接处最为集中，零件中心位置有较大压应力，边缘处有较大拉应力。

可以通过添加支撑结构来降低残余应力，因为它们比单独的基板温度更高。一旦零件从基板上取下来，残余应力会被释放，但这个过程中零件可能会变形。

劳伦斯利福摩尔国家实验室科研人员提出了一种降低残余应力的方法，为了控制温度起伏，可采取减小扫描矢量长度的方式代替连续激光扫描。根据零件最大截面旋转扫描矢量的方位也许能起作用。

另外一种降低残余应力的方式是，打印前先对基板和材料进行加热处理。预加热在 EBM 工艺中比 SLM 或 DED 工艺更常见。

（5）裂纹

除了零件内部孔隙会产生裂纹外，熔融金属凝固或某片区域进一步加热也会出现裂纹。如果热源功率太大，冷却过程中可能会产生应力。

分层现象有可能会出现，导致层间发生断裂，如图 4-41 所示。这可能是粉末熔化不充分或熔池下面的若干重熔层引起的。有些裂纹可以通过后期处理来修复，但分层无法通过后处理解决。相应地，可采取加热基板的方式来减少这个问题的出现。

图 4-41　层间断裂

（6）翘曲

为了确保打印任务能顺利开始，打印的第一层熔融在基板上。当打印完成后，通过 CNC 加工使零件从基板上分离。然而，如果基板热应力超过了其强度，基板会发生翘曲，最终会导致零件发生翘曲，会有致使刮刀撞到零件的风险。为了防止翘曲，需要在合适位置添加适量的支撑。如果不对每个要打印的零件进行反复尝试，这些设置非常难以确定。

（7）其他变形问题

其他变形，比如膨胀或者球化，也可能出现在金属 3D 打印过程中。膨胀发生于熔化的金属超出了粉末的高度。类似地，球化为金属凝固成球形而不是平层。这和熔池的表面张力有关，它可以通过控制熔池的长度—直径比小于 1~2 来减弱。

任务实施

本任务以金属 T 型管的增材制造案例为例，探索金属 3D 打印的工作流程。T 型管模型如图 4-42 所示。

运用 Ansys Additive Print 对 T 型管模型进行测试，以确定支撑结构以及金属 3D 打印的精度。支撑结构如图 4-43 所示。

图 4-42　T 型管模型　　　　图 4-43　支撑结构

在采用标准 3D 打印前，生成 T 型管支架之后，在 Ansys Additive Print 中执行快速假设应变分析，发现模型没有得到正确支撑。水平管底部前几层严重变形，因而如果 T 型管打印出来，这些层就有可能损坏支架并且造成机器破损。

采用 Ansys Additive Print 设计了支架。Ansys Additive Print 预测出 T 型管有 0.4mm 的变形，而标准支撑是 3.0mm，如图 4-44 所示。

采用 Ansys Additive Print 的变形补偿功能计算局部变形，并修改了相关几何结构，以使最终打印的形状更接近预期尺寸。

T 型管（包括支架）是在 Concept Laser MLab 激光粉末熔融机器中采用 17-4PH 不锈钢打印而成。

最终打印的形状如图 4-45 所示。

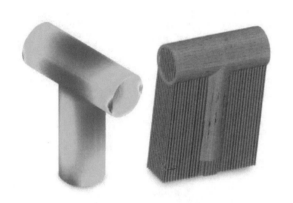 

图 4-44　设计并验证支架　　　　　图 4-45　最终打印的形状

采用 ZEISS 结构光扫描仪对拆除支架后的 T 型管进行了检验，如图 4-46 所示。测量结果显示，与额定 CAD 模型之间存在大约 0.38mm 的偏差，这对于极易产生变形的 T 型管而言已是不错的结果。

图 4-46　检验 T 型管

在对比扫描结果与最终几何结构后，工作人员发现支撑材料拆除后表面的粗糙（而非热变形）导致了大部分的偏差。支撑附件粗糙表面之外的区域只有大约 0.13mm 的变形，这表明优化后的支架以及 Ansys Additive Print 的变形补偿功能打印出了符合验收公差的部件成品。

阅读 T 型管的增材制造案例，填写表 4-4 中 T 型管 3D 打印过程中使用的软件、设备、材料等。

表 4-4　T 型管 3D 打印的过程

项目	名称	特点
打印材料		
打印设备		
金属增材制造仿真模拟软件		
其他：		

思　考

金属 3D 打印模型的支撑对模型精度有何影响？

知识拓展

重金属 3D 打印技术将被应用于核电建设

随着科技的发展，不可思议的 3D 打印技术横空出世，大大地节省了人力和资金投入。重金属 3D 打印在关键技术上取得了突破性进展，并在实验室成功做出了物理、化学性能皆优于锻件的核电重型装备的金属构件缩比件。

重金属 3D 打印技术是一种国际首创的重型金属构件短流程、绿色、精密、数字化的增材制造新技术，可广泛应用于百万千瓦核电装备、百万千瓦超临界和超超临界火电机组，以及水电、石化、冶金、船舶等现代重大工业装备的重型金属构件的制造。

在传统锻造工艺中，如果要制作一件 50 吨的核电部件，至少需要 180 吨的钢锭材料，放入 200 吨以上的电弧炉进行冶炼浇注，还要经过万吨以上机器的锻造和热处理，多达十几道工序需要耗时 6 个月以上。而如今，只要一台 3D 打印机，一道高温电熔的打印工序即可见成品。

通常核电站的建设周期是 60 个月。引入增材制造技术制造重型金属构件，整个周期可以压缩到 50 个月。以前发展核电站的瓶颈是造价高，因而电价也高，现在压缩周期后电价会比火力发电低。如今，有了重金属 3D 打印技术，可以根据用户需要，完成不同构件的个性化定制，特别是核电装备中一些关键的金属异形件，也可尝试进行打印。这不仅大大缩小了建造成本，也提高了核电机组的发电效率。

核电代表工业最高领域，如果顺利达到了各项标准，这样一项全新的重金属 3D 打印技术就可以在其他装备领域的生产制造中运用。

想一想

我国科学技术中应用到的 3D 金属打印案例有哪些？

任务3　认知混凝土 3D 打印

⊙ 任务情景

小白同学

　　增材制造真是一门材料与技术兼备的学科，工艺、材料、3D 打印技术缺一不可，除了金属材料，混凝土也可用于 3D 打印。那么，混凝土 3D 打印过程分为几个阶段？

　　混凝土 3D 打印可分为数据准备、混凝土材料准备、混凝土 3D 打印施工工艺三个部分。在认知混凝土 3D 打印前，我们要思考不同材料 3D 打印的异同。

技术老师

⊙ 技术知识点

　　混凝土 3D 打印是通过利用计算机分层建模并传出程序命令，工业机器人受控逐层重复铺设材料进而搭建出自由方式的建筑结构。

　　尽管混凝土 3D 打印机相对于传统制造方法具有多种优势，但目前想要使用它们还是相当昂贵的。混凝土 3D 打印机具有更快、更便宜、更安全、更高效等特点，它不仅能产生最少的浪费，而且还能大大减少人工成本。此外，通过使用混凝土 3D 打印机，可以显著提高项目的几何复杂度。

1. 混凝土 3D 打印的工作原理

　　混凝土 3D 打印的工艺原理：将建筑的设计模型转换成三维的打印路径，运用打印系统将凝结时间短、强度发展快的混凝土精确分层布料，逐层叠加累积成型，进行免模板施工。混凝土 3D 打印如图 4-47 所示。

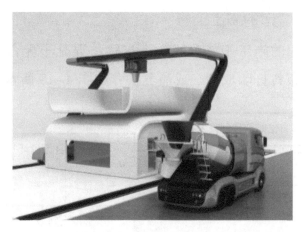

图 4-47　混凝土 3D 打印

标准的混凝土 3D 打印机的工作原理与 FDM 3D 打印机非常相似，两者均基于挤压工艺。首先，使用 3D 建模软件创建 3D 数字模型，然后将模型切割并转换为 G 代码，该代码将引导打印头，并将泵送的物料逐层沉积在混凝土搅拌机中，直到打印出最终建筑为止。典型的混凝土 3D 打印机通常由机械臂组成，其一端连接到打印头，另一端连接到龙门或类似起重机的机械臂系统。混凝土 3D 打印机的构建体积、打印分辨率、实用性和效率将取决于系统、技术、制造商和预期的应用。

2. 混凝土 3D 打印的特点

1）智能化。选用建筑构件及建筑设计的数字化模型技术，进行高精度持续分层布料。

2）免模板。选用触变性好、凝结时间可控和强度发展快的混凝土，进行无模板布料逐层堆叠成型。

3）施工工期短，施工过程零污染。目前混凝土 3D 打印机可在 24 小时内打印 10 栋 200 平方米的单层建筑。在建设过程中，低扬尘、低噪声、低污染，而且还降低运输成本，促使建筑能耗大大降低。

4）可打印结构复杂的节点。混凝土 3D 打印可以生产出高度数字化的具备复杂三维内部构造的构件。

5）材料成本低。与传统的建筑对比，3D 打印建筑一次成型，减少了因尺寸区别而导致的返工，以及因材料切割而导致的浪费，节省了大量材料成本和人工成本。

3. 混凝土 3D 打印的施工工艺

混凝土 3D 打印的施工工艺分成 5 个步骤：混凝土配合比设计→混凝土制备→混凝土输送→布料打印成型→成品养护，如图 4-48 所示。

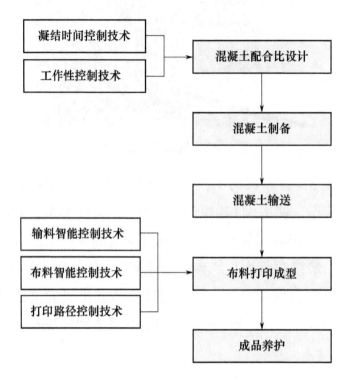

图 4-48   混凝土 3D 打印的施工工艺

4. 混凝土 3D 打印的注意事项

1）混凝土浇筑要一气呵成，不得中断，以保证混凝土的均匀性，所以混凝土 3D 打印期间间歇时间不宜过长。

2）打印时要保持混凝土面均衡上升，导管不能横向摇摆，导管的提升速度要与混凝土上升速度相适应，必须保持导管在混凝土中保留合适的深度，提升漏斗时，要控制导管口一直保留在混凝土中，不能让水侵入导管口。

3）混凝土浇筑完毕后应超出设计标高，抽干表面剩余的水分，待混凝土凝结后，剔除表面多余的浮浆。

5. 混凝土 3D 打印的应用领域

混凝土 3D 打印目前关键用于以下三个建筑领域。

1）土木工程和建筑。西班牙马德里的一座城市公园中，加泰罗尼亚高级建筑研究所（ICCA）的建筑师设计了一座总长 12m、宽 1.75m 的人行桥梁，由一座巨大的 3D 打印机利用沙土为原料，在加固混凝土结构上一层一层打印而成。

2）城市空间。包含人造珊瑚礁、花槽和抛光表面的长凳，甚至公交车站，这些都可以依靠 3D 打印制造出"自由形状"。

3）历史和文化遗产保护。例如，我国应用混凝土 3D 打印技术打印石窟。

6. 混凝土 3D 打印的实际应用

术语"机架"在此对应于支撑打印机的结构。尽管这种类型的混凝土 3D 打印机是商业建筑项目的普遍选择，但由于其尺寸和便携性有限以及组装和拆卸所需的技术，因此很少用于较小的项目。这种类型的 3D 打印机通常根据由 X、Y 和 Z 轴组成的笛卡尔坐标系工作。X 轴是使打印机前后移动的导轨的长度，而 Y 轴是承载打印头和连接支柱的导轨的长度，这些导轨又由 Z 轴定义并上下移动。

例如，图 4-49 的 3D 打印机 Vulcan Ⅱ 就是在这个基础上工作的。打印机的体积为 260cm×850cm×260cm，重量约为 1.7 吨，打印机高约 2.5m，宽约 8.5m。该机器仅使用 ICON 的专利混凝土 Lavacrete。像大多数大型混凝土 3D 打印机一样，Vulcan Ⅱ 也很昂贵，价格不到 25 万美元。尽管有这项投资，但要知道增材制造可以大大降低建筑成本。在 2019 年，ICON 的打印机设法在短短 24 小时内就以不到 4 000 美元的价格建造了一座房屋。

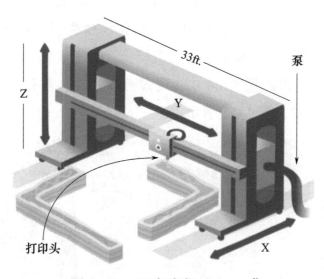

图 4-49　3D 打印机 Vulcan Ⅱ

⊙ **任务实施**

混凝土 3D 打印步行桥全长 26.3m、宽度 3.6m，桥梁结构借鉴了中国古代赵州桥的结构方式，采用单拱结构承受荷载，拱脚间距 14.4m，如图 4-50 所示。

图 4-50 混凝土 3D 打印步行桥

步行桥的设计采用了三维实体建模，桥栏板采用了形似飘带的造型与桥拱一起构筑出轻盈优雅的体态横卧于上海智慧湾池塘之上；该桥的桥面板采用了珊瑚纹，珊瑚纹之间的空隙填充细石子，形成园林化的路面。

在该桥梁进入实际打印施工之前，进行了 1:4 缩尺实材桥梁破坏试验，其强度可满足站满行人的荷载要求。

整体桥梁工程的打印用了两台机器臂 3D 打印系统，共用 450 小时打印完成全部混凝土构件；该步行桥桥体由桥拱结构、桥栏板、桥面板三部分组成，桥体结构由 44 块 0.9m×0.9m×1.6m 的混凝土 3D 打印单元组成，桥栏板分为 68 块单元进行打印，桥面板共 64 块也通过打印制成。步行桥混凝土构件的打印如图 4-51、图 4-52、图 4-53 所示。

图 4-51 打印桥面板   图 4-52 打印桥拱结构件   图 4-53 打印桥栏板

　　这些构件的打印材料均为聚乙烯纤维混凝土添加多种外加剂组成的复合材料，经过多次配比试验及打印实验，已具有可控的流变性满足打印需求；该新型混凝土材料的抗压强度达到 65MPa，抗折强度达到 15MPa。

　　与同等规模的桥梁相比，它的造价只有普通桥梁造价的三分之二；该桥梁主体的打印及施工未用模板，未用钢筋，大大节省了工程成本。

　　阅读混凝土 3D 打印的步行桥案例，填写表 4-5 中混凝土 3D 打印使用的软件、设备、材料等。

表 4-5　混凝土 3D 打印步行桥的过程

项目	特点
打印材料	
打印设备	
打印流程	
打印造价	
其他	

思　考

　　1）混凝材料与 PLA 材料的 3D 打印有何不同？

　　2）无模板、无钢筋的混凝土 3D 打印与有模板、有钢筋的混凝土 3D 打印有何施工工艺的差别？

知识拓展

3D 打印混凝土钢筋布置技术

　　虽然 3D 打印混凝土构件与纤维增强材料结合或者直接打印纤维混凝土构件可避免钢筋的布置。但是该技术仍处于探索阶段，为获得更好的结构性能，3D 打印混凝土结构仍需要合理高效的布筋。布筋主要包括手动布筋和自动布筋两种类型。

（1）手动布筋（图 4-54）

1）在打印的混凝土中间层间隔时布置钢筋，这种方式只能在打印平行方向布置钢筋，钢筋布置较为局限。

2）在打印好的混凝土轮廓内布置钢筋骨架，然后浇筑新混凝土。

3）先布置好钢筋网架，然后沿着钢筋网架打印混凝土。

4）钢筋采用额外附加锚固连接的方式。

a）间隔布置　　　　b）预留孔道布筋　　　c）沿钢筋网架打印　　　d）附加锚固

图 4-54　手动布筋

（2）自动布筋（图 4-55）

手动布筋由于人为干预会影响 3D 混凝土的打印效率，据此提出多种自动布筋方式。

1）通过钢筋打印和混凝土打印协调工作。

2）柔性钢筋在混凝土打印过程中由机器自动布置。

3）大直径钢纤维和混凝土层叠自动打印。

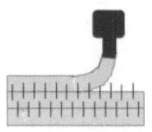

a）打印钢筋　　　　b）布置柔性钢筋　　　c）钢纤维布置

图 4-55　自动布筋

3D 打印混凝土建造实例

Rudenko 进行了混凝土景观城堡打印，如图 4-56a 所示，苏黎世联邦理工学院利用混凝土 3D 打印技术建造了形状复杂、细节精确的景观柱，如图 4-56b

所示。2015 年，盈创建筑科技（上海）有限公司和中建八局工程研究院在苏州工业园完成 3D 打印配筋剪力墙多层建筑施工如图 4-56c 所示，采用的就是装配式混凝土 3D 打印技术。北京华商陆海科技有限公司采用现场打印方式耗时 45 天在北京完成 400m² 的别墅建造，如图 4-56d 所示，其中墙体钢筋是人工绑扎的钢筋网。俄罗斯 Apis Cor 公司利用塔吊设备采用轮廓工艺在 24 小时完成 139m² 的房屋建造如图 4-56e 所示。

　　a）城堡　　　　b）混凝土景观柱　　　c）多层建筑　　　d）低层建筑　　　e）房屋

图 4-56　3D 打印混凝土建造实例

项目实践

　　学生完成 3D 打印技术应用工作手册的"项目 4 打印城堡模型"，记录计划实施的完成情况，填写质量检查。

　　学生完成"项目 4 打印城堡模型"后，开展评价反馈，完成思考与练习。在实训成绩单中，进行自我评分、教师评分和学生评分。

项 目 总 结

　　本项目领略了不同 3D 打印材料的魅力，虽限于实训条件，但是了解不同 3D 打印材料的材料属性、特点与应用范围，了解不同材料的 3D 打印流程以及 3D 打印机的类型，对于深入认识 3D 打印有着重要的意义，同时也为我们的择业提供一定的方向指引。

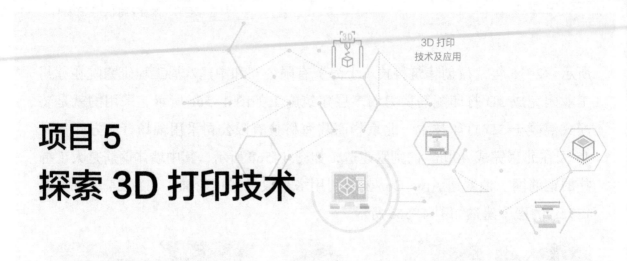

项目 5
探索 3D 打印技术

项目导入

　　小白同学在学习 3D 打印材料后，发现不同材料使用不同的 3D 打印机，这些 3D 打印机选择的 3D 打印技术也各有不同。虽然 3D 打印的通用流程是设计模型→模型切片→模型打印→打印后处理，但是不同的打印项目选用的打印材料、3D 打印机各有不同。那么，这些 3D 打印技术的工作原理是如何？

　　3D 打印技术常在模具制造、工业设计等领域被用于制造模型，如直接打印 3D 产品，打印 3D 产品的零部件等。珠宝、鞋类、工业设计、建筑、工程和施工（AEC）、汽车、航空航天、牙科和医疗产业、教育、地理信息系统、土木工程以及其他领域都有应用 3D 打印技术。那么，如何在实际的操作中，根据 3D 产品的特性选择合适的打印技术？

　　小白同学带着心中的疑问，寻求技术老师的帮助。

学习目标

- 了解 3D 打印技术。
- 了解不同 3D 打印技术的优势和劣势。
- 掌握 3D 打印领域的领军技术。
- 熟悉 3D 打印技术的流程和标准。

职业素养

- 熟知不同增材制造工艺的技术原理和优缺点。
- 理解 3D 打印技术的潜力和限制，科学管理客户的期望。
- 能够帮客户选择合适的 3D 打印技术，及时屏蔽竞争技术。
- 能够保护 3D 打印产品的知识产权。

项目导图

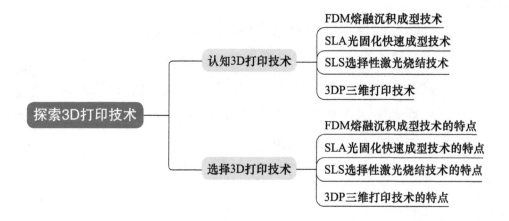

任务 1　认知 3D 打印技术

认知 3D 打印技术

📌 任务情景

小白同学

3D 打印技术的工作原理是什么？

　　3D 打印技术是以数字模型文件为基础，利用粉末状金属或塑料等可黏合材料，通过逐层打印的方式来构造物体的技术。不同的产品对 3D 打印机的要求不同，便产生了不同的 3D 打印技术。下面一起探索 3D 打印技术吧！

技术老师

📌 技术知识点

1. FDM 熔融沉积成型技术

（1）FDM 发展历史

熔融沉积技术又称为熔丝沉积成型技术（Fused Deposition Modeling，FDM），由 Scott Crump 在 20 世纪 80 年代发明，美国 Stratasys 公司注册专利。FDM 技术的机械结构简单、设计容易，制造成本、维护成本和材料成本低，是目前应用最广泛的 3D 打印技术之一。FDM 桌面式 3D 打印机如图 5-1 所示。

图 5-1　FDM 桌面式 3D 打印机

（2）FDM 工艺原理

熔融沉积成型技术是利用热塑性材料的热熔性和黏结性，在计算机控制下层层堆积成型。熔融沉积成型的工艺原理是材料先抽成丝状，通过送丝机构送进喷头，在喷头内加热熔化后，从喷嘴喷出，沉积在制作面板或者前一层已固化的材料上，喷头沿着零件截面轮廓和填充轨迹运动，同时将熔化的材料挤出，材料迅速固化，并与周围的材料黏结，层层堆积成型。

2. SLA 光固化快速成型技术

（1）SLA 发展历史

SLA 光固化快速成型技术最早在 20 世纪 70 年代末和 80 年代初期使用。美国 3M 公司的 Alan J. Hebert，日本的小玉秀男和美国 UVP 公司的 Charles W. Hull 和日本的丸谷洋二在不同的位置提出了 RP 的概念，即使用连续层选择来巩固生成三维实体的想法。1986 年，UVP 公司 Charles W. Hull 生产的 SLA-1 获得专利。SLA 的 3D 打印机如图 5-2 所示。

图 5-2   SLA 3D 打印机

（2）SLA 工艺原理

SLA 利用紫外线照射液体光敏树脂使其固化，加工过程中平台会逐层沉入树脂槽，树脂槽中盛满液态树脂，紫外光在偏转振镜的作用下照射在液面上，按截面轮廓信息扫描，光点经过的地方，受照射的液体就会固化，一次平面扫描便加工出一个与分层平面图形相对应的层面，并与前一层已固化部分牢固地粘接起来，如此反复直至整个工件完成。

采用 SLA 工艺一般还需要清洗、去支撑、打磨、再固化处理，以得到符合要求的产品。SLA 工艺对于悬壁部位需要添加支撑，产品和支撑为同一材质，对于彩色模型，还需后期上色处理。

3. SLS 选择性激光烧结技术

（1）SLS 发展历史

SLS 分层制造技术由德克萨斯大学奥斯汀分校的 C.R.Dechard 于 1989 年开发。德国的 EOS 推出了自己的 SLS 工艺成型机 EOSINT，它分为三种类型：金属、聚合物和沙子。北京龙源自动成型系统有限公司和华中科技大学也开发了商用设备。SLS 3D 打印机如图 5-3 所示。

（2）SLS 工艺原理

SLS 技术的工艺原理是在开始加工之前需要升高充满氮气的工作室的温度并保持低于粉末的熔点。在成型期间，进料桶上升并且撒布辊移动。首先，在工作平台上铺设一层粉末材料。然后，在计算机的控制下，根据固体部分中粉末的横截面轮廓烧结激光束，以熔化粉末并形成一层坚实的轮廓。在完成第一层烧结之后，施加一层粉末，烧结下一层，形成印刷模型。

图 5-3   SLS 3D 打印机

4. 3DP 三维打印技术

（1）3DP 发展历史

三维印刷工艺（Three-Dimension Printing，3DP），该技术由美国麻省理工学院的 Emanual Sachs 教授发明于 1993 年，3DP 的工作原理类似于喷墨打印机，是形式上最贴合"3D 打印"概念的成型技术之一。3DP 3D 打印机如图 5-4 所示。

（2）3DP 工艺原理

3DP 工艺与 SLS 工艺也有着类似的地方，采用的都是粉末状的材料，如陶瓷、金属、塑料，但与其不同的是，3DP 使用的粉末并不是通过激

图 5-4   3DP 3D 打印机

光烧结黏合在一起的，而是通过喷头喷射黏合剂将工件的截面打印出来并一层层堆积成型的。

➮ 任务实施

FDM 技术、SLA 技术、SLS 技术、3DP 技术作为 3D 打印的常见技术，在实际应用中，所需耗材、材料性能、应用案例有哪些？请查找相关资料填写表 5-1。

表 5-1　常见的 3D 打印技术

技术类型	所需耗材	材料性能	应用案例
FDM 技术			
SLA 技术			
SLS 技术			
3DP 技术			

⟳ 知识拓展

3D 打印行业的企业

　　赛纳三维科技有限公司是赛纳科技旗下专注增材制造技术研发与应用解决方案开发于一体的专业化企业。自主研发的 WJP 白墨填充技术，可实现全彩色、多材料、体素级 3D 打印效果，广泛应用于数字医疗、教育培训、工业设计等领域。WJP 白墨填充 3D 打印技术，其基础原理类似于喷墨打印技术，每喷射打印出一个薄层的光敏树脂后即用紫外光快速固化，每打印完成一层，机器成型托盘便极为精确地下降，而喷头持续工作，直到完成。赛纳三维研发和销售的工业级 3D 打印机使用切片精度在 10 μm 以下的高精度全彩色光固化大型 3D 打印技术，适用于打印彩色多材料的医疗教育培训模型和手术规划模型、珠宝首饰精铸模型和彩色多材料个性化定制产品。

任务 2　选择 3D 打印技术

选择 3D 打
印技术

⮕ 任务情景

小白同学

　　3D 打印技术有 FDM 技术、SLA 技术、SLS 技术和 3DP 技术。在实际工程中，如何选择适合的 3D 打印技术呢？

　　跟着我一起看看这些技术的特点，可能会给你一定的启发。

技术老师

⮕ 技术知识点

1. FDM 熔融沉积成型技术的特点

（1）FDM 技术的优点

FDM 技术是基于层层堆积成型的工艺过程，它具有以下优点。

1）运行费用低。FDM 技术是国内外现有设备中运行成本最低的。初期投入时费用低，而且无须激光器、振镜系统更换所需的二次投入的大量费用。概念设计原型的 3D 打印对精度和化学特性要求不高，具有明显的价格优势。

2）成型材料种类。FDM 技术对成型材料的要求是熔融温度低、黏度低、黏结性好等。ABS、PC、PP、PVA 等材料均可应用在熔融沉积技术中，ABS 材料因其良好的强度、弹性与韧性，使用率较高。和其他使用粉末和液态材料的工艺相比，丝材更加清洁，易于更换和保存，不会在设备中或设备附近形成粉末或液态污染。

3）材料利用率高。利用 FDM 技术，用户可以根据需要通过参数设置将零件内部做成网格结构，节省成型材料，大大减少成型时间。相对光固化工艺和激光烧结工艺而言，制作空心网格结构需要零件表面开孔以保证残余的树脂能够流出，同时网格应该互相贯通，制作和实现这种空心网格的难度较大。

4）成型强度好，表面质量较好。基于 FDM 技术成型件的模型填充纹理比较细密，表面比较光滑平整，能够达到 0.2mm/100mm 的精度，熔融挤压的成型件表面强度高，打磨性能也比较好，打磨后可以实现间隙配合或过盈配合。有的不经过打磨也可以呈现良好的表面。

（2）FDM 技术的缺点

经过几十年的发展，FDM 打印技术虽然得到广泛的应用，但它仍存在很多不足之处，具体如下。

1）成型精度低，模型的表面有明显的条纹。打印速度慢，不适合构建大型零件。这是 FDM 3D 打印机的主要限制因素。

2）打印材料限制性较大，打印材料受潮或老化后，将影响熔融挤出的顺畅性，容易导致喷头堵塞，不易维护。

3）FDM 的原理是将实体模型分成若干层，对每层进行打印，层与层之间依靠材料融化后重新凝固粘接。若截面垂直的方向强度不够，需要设计和制作支撑结构，并对支撑结构进行优化和去除。

2. SLA 光固化快速成型技术的特点

（1）SLA 技术的优点

1）时间方面。运用 SLA 3D 打印技术，能缩短设计时间，降低生产制造风险，提升工作效率，使新生产品或改进产品比传统方式更快地进入市场。

2）成本方面。SLA 3D 打印机无须人员看守，降低了部分人工成本；另外由于 SLA 3D 打印利用的是添加材料而不是减去材料的概念，因此该过程几乎不会造成多余的浪费，节省了大量的耗材成本。

3）成品方面。SLA 3D 打印出的产品尺寸精度较高，可确保打印件的尺寸精度在 0.1mm 以内。打印件的表面质量较好、细腻光滑，且打印机运行系统相较稳定。

（2）SLA 技术的缺点

SLA 3D 打印设备是要对树脂进行操作的精密设备，造价昂贵昂，使用和维护成本过高。对工作环境要求苛刻，需要有专业的作业环境。

3. SLS 选择性激光烧结技术的特点

（1）SLS 技术的优点

1）原材料种类多。只要粉末材料在加热时的黏度较低，就都可以作为 SLS 技术的原材料。SLS 技术制造出的产品或者模型可以满足多种需求。和其他的技术比较，SLS 技术可以制作金属原型或者模具，因此具有广阔的应用前景。

2）工艺简单。由于该技术可以选用粉末材料作为原材料，通过激光烧结，能够快速生产出具有复杂结构的产品原型或者模具，因此在工业产品的设计中应用比较广泛。

3）精度较高。精度受到粉末材料的种类、粉末颗粒的大小、模型的几何结构等影响。一般而言，其精度可以达到 0.05~2.5mm 之间。

4）不需要支撑结构。在层层叠加的过程中，由于未烧结的粉末可以对模型的空腔和悬臂部分起支撑作用，不必像 FDM 和 SLA 那样另外设计支撑结构，可以直接生产形状复杂的原型及部件。

5）材料利用率高。SLS 技术的材料利用率可以接近 100%，这是因为其不需要支撑结构，也不需要基底支撑，而且粉末材料价格较低，所以制模成本低。

6）变形小。SLS 技术制作出的工件翘曲变形较小，甚至不需要校正原型。

7）应用面广。由于成型材料的多样化，可以选用不同的成型材料制作不同用途的烧结件，可用于制造原型设计模型、模具母模、精铸熔模、铸造型壳和型芯等。

（2）SLS 技术的缺点

1）工作时间长。在加工之前，需要大约 2 小时，把粉末材料加热到黏结熔点的附近，在加工之后，需要 5~10 小时冷却工件，等到工件冷却之后，才能从粉末缸里取出原型制件。

2）后处理较复杂。SLS 技术制件在加工过程中，是通过加热并融化粉末材料，实现逐层黏结的，因此制件的表面呈现出颗粒状，需要进行一定的后处理。

3）烧结过程会产生异味。高分子粉末材料在加热、融化等过程中，一般都会散发出异味。

4）设备价格较高。为了保障工艺过程的安全性，在加工室里面充满氮气，提高了设备成本。

5）原材料价格及采购维护成本都较高。

6）机械性能不足。SLS 成型金属零件的原理是低熔点粉末黏结高熔点粉末，导致制件的孔隙度高，机械性能差，特别是延伸率很低，很少能够直接应用于金属功能零件的制造。

7）需要比较复杂的辅助工艺。由于 SLS 技术所用的材料差别较大，有时需要比较复杂的辅助工艺，如需要对原料进行长时间的预处理（加热）、需要进行成品表面的粉末清理等。

4. 3DP 三维打印技术的特点

（1）3DP 技术的优点

1）无须激光器等高成本元器件。设备制造成本低，且易操作易维护。

2）成型速度快，可以 25mm/h 的垂直构建速度打印模型。

3）可以使用多种粉末材料，也可以采用彩色的黏合剂。这是这项技术的最大优点，它打印彩色原型后，无须后期上色，3D 体验馆中 3D 打印人像基本采用此技术。

4）打印过程无须支撑结构。与 SLS 技术一样，粉末可以支撑悬空部分，而且打印完成后，粉末可以回收利用，环保且节省开支。

5）工作过程较为清洁。

6）可实现大型件的打印，主要运用于汽车领域的翻砂模具。

（2）3DP 技术的缺点

3DP 立体成型印刷技术虽然得到一定程度的应用，但它仍存在一些技术限制，具体如下。

1）模型精度和表面光洁度不理想，多用于制作人偶和概念模型，不适合制作结构复杂和细节较多的薄型物件。

2）利用 3DP 技术打印出的工件只能通过粉末黏合，黏合剂的黏合能力有限，其强度、韧性相对较差，基本只能做概念原型，无法适用于功能性试验。

3）3DP 技术中需要经历烦琐的后处理过程，如烧结。因此与很多金属直接制造成型技术相比，不具备优势。

4）原材料价格较贵。

⤷ 任务实施

通过 3D 扫描与 3D 打印技术，复制自己。复制的人物形象如图 5-5 所示。对于本任务而言，由于 SLA 光固化快速成型技术打印出的产品尺寸精度较高，可确保打印件的尺寸精度在 0.1mm 以内，因此选用 SLA 光固化快速成型技术作为任务实施的依据。

图 5-5　人物形象

准备材料：

1）计算机一台，配置 64 位系统。

2）准备一台 EinScan-Pro_EP 3D 激光扫描仪。

3）一款逆向工程软件，如 Geomagic Studio、Geomagic Foundation 等。

4）准备一台 Dream X1 型光固化 3D 快速成型机。

5）准备 SLA（光敏树脂）3D 打印材料。

6）支撑软件，推荐使用 Magice。

7）切片软件，推荐使用 Jcad。

8）印后处理相关材料、工具等。

1. 准备模型

（1）3D 扫描仪硬件及软件安装

1）硬件安装。数据线一端连接扫描仪，一端连接电源线和计算机 USB 3.0 端。USB 端连接计算机 USB 3.0 端，如图 5-6 所示。

2）软件安装。双击软件安装包，根据安装提示完成软件的安装，建议将软件安装在默认路径下。安装成功后，连接设备，双击 图标启动软件。

图 5-6　硬件安装示意图

（2）使用3D扫描仪扫描人像

1）双击图标启动软件，进入软件主界面，如图5-7所示。选择设备，单击手持快速扫描模式，单击"下一步"按钮，如图5-8所示。此模式可扫描大型物体，物体表面的曲面特征丰富时，如人体（脸、胸、手、足等部位），快速获取细节丰富的扫描数据。

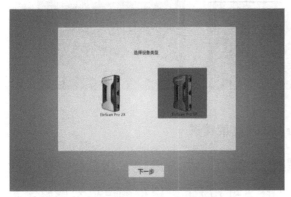

图5-7 软件主界面　　　　　图5-8 选择扫描模式

2）单击图标新建工程，输入工程名。根据图5-9所示的设置选项，单击"应用"按钮，进入扫描界面，如图5-10所示。

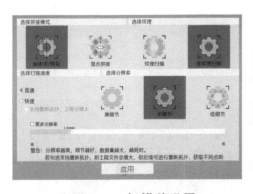 

图5-9 扫描前设置　　　　　图5-10 扫描界面

3）单击软件界面上 按钮或单击硬件上 按钮后，进入扫描预览，如图5-11所示，此时采集状态已打开，软件图片上设备出光。

4）扫描预览中，可双击设备上 按钮进入亮度调节状态，之后单击设备上 ⊕ 按钮增加亮度，或单击设备上 ⊖ 按钮降低亮度。调节结束后

图5-11 扫描预览

双击 按钮退出亮度设置。亮度设置在合适距离下亮度视口中散斑图案对比度清晰为宜，散斑图案对比度情况如图 5-12 所示。

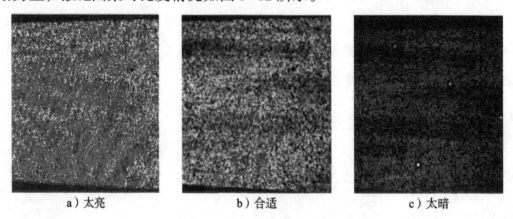

a）太亮　　　　　　　　b）合适　　　　　　　　c）太暗

图 5-12　散斑图案对比度情况

5）扫描中左侧有距离条显示，当颜色为绿色时距离最佳，当颜色为蓝色时距离过远，当颜色为橙色时距离过近，如图 5-13 所示。根据颜色提示调整至最佳扫描距离。设备手柄上也有表示距离的灯，同软件颜色提示意义相同。

6）单击软件界面上 按钮或单击设备上 按钮后，开始扫描，绿色区域为当前扫描片，如图 5-14 所示。

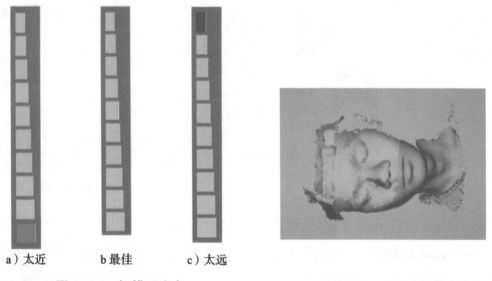

a）太近　　　　b 最佳　　　　c）太远

图 5-13　扫描距离条　　　　　　　　**图 5-14　开始扫描**

7）如出现紫红色数据，如图 5-15 所示，此时会出现提示，并伴有峰鸣，说明跟踪数据丢失，请根据提示返回到已扫描区域停留 3s，拼接上即可继续扫描。

8）单击■按钮，或单击设备上■按钮可暂停扫描，查看物体扫描情况。单击▶按钮或设备上■按钮即可恢复扫描状态，直至达到打印要求，如图 5-16 所示。

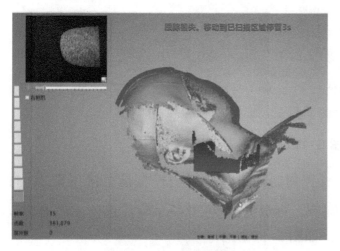

图 5-15　跟踪数据丢失

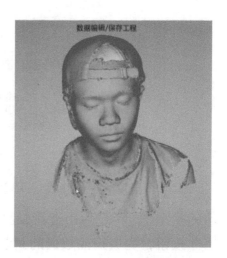

图 5-16　完成三维人像扫描

（3）保存扫描模型数据及修复

1）达到扫描需求后，单击■按钮可暂停扫描，或单击设备上■按钮，暂停扫描。长按 <Shift+MB1（鼠标左键）>，对多余部分数据进行选择，选中数据呈红色显示，如图 5-17 所示。单击■按钮或按键盘的 <Delete> 键删除选中数据，如图 5-18 所示。

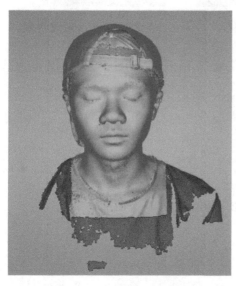

图 5-17　选中多余数据

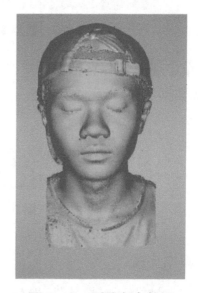

图 5-18　删除多余数据

2）完成多余数据的处理后，单击▨按钮可保存编辑。确认扫描数据无误后单击▨按钮生成点云，选择"质量优先"，单击"应用"按钮，如图 5-19 所示。

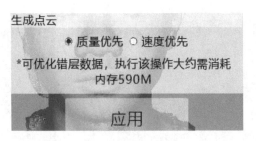

图 5-19　质量优先

3）单击▨按钮封装，单击▨按钮封闭模型（封闭模型是直接用来 3D 打印的模型），单击▨中查看模型细节，再根据图 5-20 所示完成选项，单击"应用"按钮，完成扫描数据的封装，如图 5-21 所示。

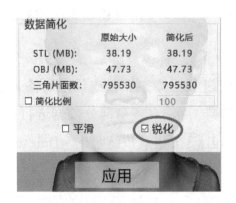

图 5-20　数据简化

图 5-21　完成封装

4）单击▨按钮保存数据，单击".stl"格式，如图 5-22 所示。输入文件名称，完成数据储存。

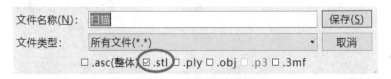

图 5-22　保存数据

2. 建立支撑

1）双击▨打开支撑软件"Materialise Magics 21.0"，进入软件界面。单击界面上端的"导入零件"，STL 格式文件，如图 5-23 所示。

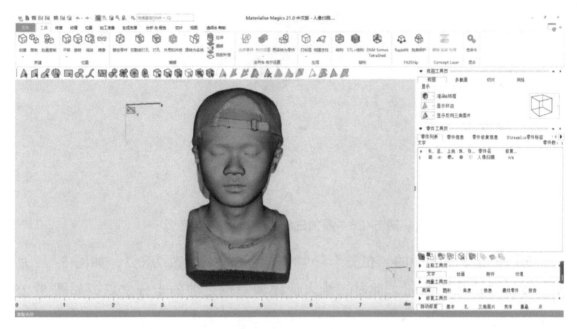

图 5-23 导入模型

2）单击界面上端的"加工准备"→"机器库"→"添加机器"，找到"3D Systems Projet 3000（HD）（mm）"，单击 [>>] 图标添加机器，如图 5-24 所示。

3）单击界面上端"加工准备"→"新平台"，选择新添加的机器，单击"确认"按钮，如图 5-25 所示。此时模型消失在界面上，表示选择成功。

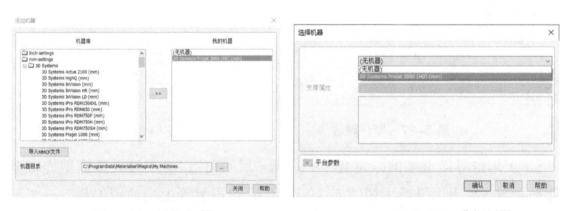

图 5-24 添加机器   图 5-25 选择机器

4）单击界面上端的"加工准备"→"加载到零件视图"，添加三维人像模型到视图，如图 5-26 所示。此时三维人像模型出现在 WCS 坐标系中表示成功。

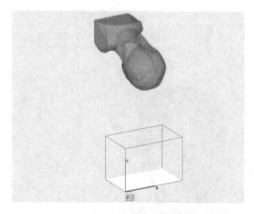

图 5-26　添加三维人像模型到视图

5）单击界面上端的"位置"→"缩放"，将系数改为 0.3，如图 5-27 所示。单击"应用"按钮，此时三维人像模型呈现之前的十分之三，如图 5-28 所示。

图 5-27　零件缩放

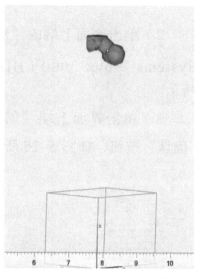

图 5-28　缩放后的效果

6）单击界面上端的"位置"→"低/顶平面"，将三维人像模型旋转至低平面与 XY 平面平行（如图 5-29 所示）；单击界面上端的"工具"→"平移"，将其移动至打印平台中间位置，设置绝对坐标 Z 轴为 0，并应用，如图 5-30 所示。单击界面右边的"零件工具页"→"零件信息"，找到尺寸中显示的 Z 轴的数值 -54.347，如图 5-31 所示，这时单击界面上端的"工具"→"平移"，Z 轴由 0 改为 54.347，此时打印平台与三维人像模型底平面贴合，如图 5-32 所示。

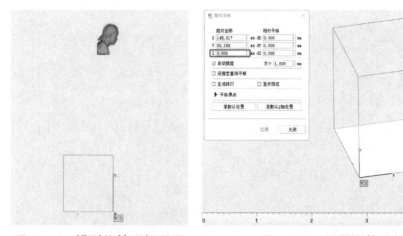

图 5-29　模型旋转至低平面　　　　图 5-30　位置调整至打印平台中间位置
　　　与 XY 平面平行

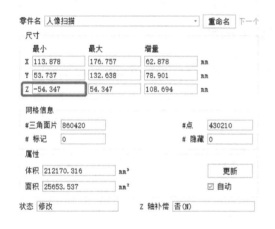

图 5-31　查看 Z 轴位置　　　　　　图 5-32　完成模型的调整

7）单击界面上端的"所选零件另存为"，选择保存类型为 STL 文件，输入名称（注意命名要选用英文）、选择地址并保存，如图 5-33 所示。

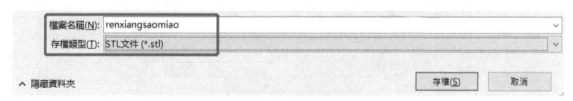

图 5-33　数据保存

以上完成三维人像模型的大小及位置的处理。

3. 模型切片

1）双击 jewelcad5.19 图标，打开软件，进入切片界面，如图 5-34 所示。

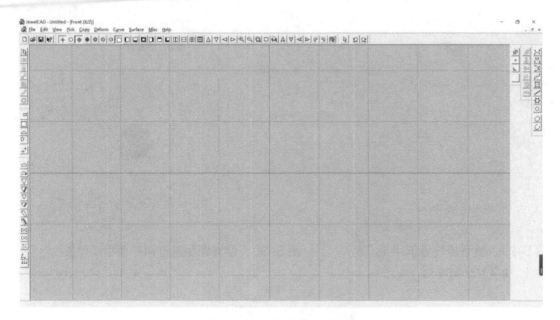

图 5-34   切片软件界面

2）单击界面上端"File"→"Lmport"，选择"renxiangsaomiao"STL 格式文件，如图 5-35 所示。

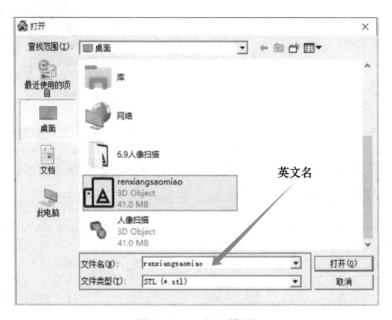

图 5-35   导入模型

3）单击界面上端的"Misc"→"Cut into Slices"，设置切片层厚为 0.1mm，输入名称（注：名称必须是英文或数字），单击"OK"按钮，设置为 SLC 格式文件，如图 5-36 所示。

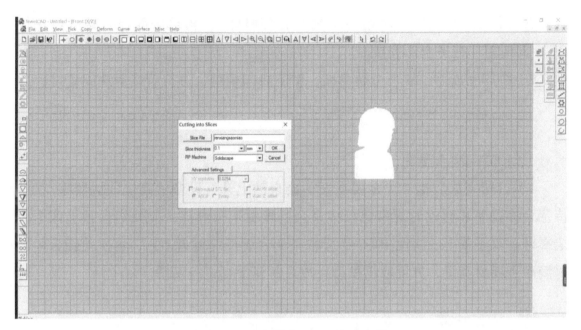

图 5-36　设置为 SLC 格式文件

4. 模型打印

1）双击打印程序"DreamRP.exe"，进入软件界面。单击界面上端的"连接板卡"，此时界面右下角状态栏里显示"Ready to Start"表示连接成功。

2）单击界面上端"打开文件"，将切片完成的三维扫描人像 SLC 格式文件导入程序中，此时右下角状态栏里将显示出该文件的来源及文件名，表示导入成功（注意：软件读取三维模型需要一定的时间，读取过程中，可以单击"停止读取"，此操作只影响模型的显示，不影响打印）。

3）单击界面上端的"设置"→"用户设置"，设置"原点偏移"的 X、Y 值，调整打印模型的原点落在金属盘面上的位置。

4）单击界面中部右端的"电机状态"栏，将"自动工作原点"与"打印完成后 Z 轴回零"的方框点开，为模型打印做准备。

5）单击界面上端"开始运行"，金属盘面将缓慢运动到系统默认的打印工作原点平面，此时金属盘面与树脂槽底面完全贴合，停止运动，同时软件上的 Z 轴运动实时显示界面消失；开始进行模型打印，此时右下角状态栏显示"Start"，左下角显示"打印中 ..."。

6）模型打印完成后，右下角状态栏显示"End"，此时 Z 轴已经回到最高点位置（即 Z 轴零点）；单击左下角"暂停打印"，再单击界面上端"终止任务"，此时打印任务全部完成。

7）打印完成后，取下金属盘面，铲下打印模型，进行后续清洗固化过程。

5. 印后处理

（1）取下模型和清洗

1）打印完成后铝台（金属盘面）会自动上升至设备最高位即机器零点位。待铝台停稳不再移动时观察铝台中多余的耗材不再滴落，旋开铝台顶上两个固定螺钉，双手戴上一次性 PVC 手套取下铝台置于耗材盘上方，再次使铝台内耗材滴净于耗材盘里，方可取出模型，放在托盘上面进行清洗。

注意事项

取下铝台时，要防止铝台上的树脂滴落在设备内，损坏光学元件。

2）铝台上的模型要使用铲刀以 45° 的姿势轻轻铲下。

3）使用异丙醇或者高浓度酒精进行清洗，如果打印的模型有较小的空隙，最好使用注射针头吸取异丙醇或者高浓度酒精通过注射的方式清洗模型的小孔处。模型无黏滑感即表示清洗干净（模型不宜长时间浸泡在异丙醇或高浓度酒精中，否则会腐蚀模型）。

4）清洗后的模型可以自然固化，也可以放入 Dream X1 型 3D 打印机自带的固化箱进行加速固化。

（2）模型后处理

从成型系统里取出成型件，进行打磨、抛光、涂挂，放在高温炉中进行后烧结，进一步提高其强度。

6. 3D 打印机的清洁工作

（1）铝台的清洗

将铝台取下，并旋开铝台四角的螺钉，用异丙醇或高浓度的酒精对铝台内外进行清洗；铝台表面的小孔也要清洗干净，如有固化的部分请用针状的工具疏通，以保证每个小孔都疏通，使打印过程中液体流动性强，利于打印；清洗干净后，用无尘布将铝台擦拭干净，并旋入四角的螺钉。

（2）树脂槽的清洗

清洗树脂槽前，先将树脂槽中的树脂收集到避光瓶中，打印完成后，树脂可进行回收再利用，但是必须要清理掉 固化的杂质，可用树脂过滤漏斗进行滤后再使用，避免下次打印失败或引起树脂槽表面产生划痕影响打印。树脂槽中树脂收集干净后将异丙醇或是高浓度酒精倒入树脂槽中进行清洗（树脂槽底面及边上用无尘布沾异丙醇或高浓度酒精擦拭），清洗干净后用干无尘布将树脂槽表面的液体擦拭干净（清洗时间不宜过久，否则树脂槽会被腐蚀）。

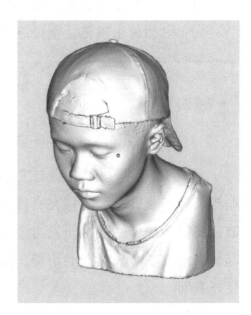

图 5-37　成品展示

成品展示如图 5-37 所示。

7. 可能遇到的问题（表 5-2）

表 5-2　可能遇到的问题

故障现象	可能的原因	解决办法
扫描质量差	曝光度过大	通过软件降低曝光度
	扫描距离远或近	与扫描物体之间保持 450 ~ 550mm
	移动过快	每个位置稍作停留
模型底部脱落	底部支撑不够厚（或密）	加厚（或密）底部支撑
	铝台工作原点过高	调整铝台工作原点
	树脂过期	更换树脂
模型软	激光功率过低	增加激光功率
	树脂槽或铝台没有锁紧	锁紧树脂槽或铝台
模型表面粗糙	激光器损坏	更换激光器
	树脂槽损坏	更换树脂槽

> **思　考**
>
> 1）表面扫描质量差，细节展示不全。为什么？
> 2）扫描时出现无法很好地捕捉点云数据的原因是什么？

⮞ 知识拓展

我国 3D 打印技术发展现状

我国 3D 打印技术发展与发达国家相比，虽然在技术标准、技术水平、产业规模和产业链方面还存在有待改进和发展的地方，但经过多年的发展，已形成以高校为主体的技术研发力量布局，关键技术取得重要突破，产业发展开始起步，形成了小规模产业市场，并在多个领域成功应用，为下一步发展奠定了良好基础。

⮞ 项目实践

学生完成 3D 打印技术应用工作手册的"项目 5 打印大象模型"，记录计划实施的完成情况，填写质量检查。

学生完成"项目 5 打印大象模型"后，开展评价反馈，完成思考与练习。在实训成绩单中，进行自我评分、教师评分和学生评分。

项 目 总 结

本项目学习了不同 3D 打印技术的优势和劣势，如何选择 3D 打印技术。

项目 6
处理打印后模型

项目导入

　　小白同学在打印 3D 模型后发现，有的 3D 打印模型的表面不够光滑，有的则是表面有支撑结构，打印的模型色彩很单一，怎么解决这些问题呢？如何让自己打印的 3D 模型更接近成品呢？

　　技术老师认为，去除支撑、打磨、上色是重要的印后处理步骤，经过印后处理的模型才更接近设计的成品，那么在打印出来产品之后，如何开展去除支撑、打磨、上色等印后处理工作呢？

学习目标

- 掌握去除支撑的流程。
- 了解去除支撑的注意事项。
- 了解抛光工具、注意事项及流程。
- 了解上色工具、注意事项及方式。

职业素养

- 拥有丰富的 3D 打印应用知识，能够更好地支持客户的想法成功落地。
- 利用增材制造设计的知识进行二次设计或者原创设计，创造新的产品。

- 能够通过技术创新、材料改进、流程优化，提高 3D 打印应用的精度、材料性能，降低 3D 打印产品表面粗糙度等。
- 恪守良好的职业道德：学会尊重他人的成果、服从法律的权威以及社会伦理的规范，不滥用 3D 打印技术打印危险产品。

项目导图

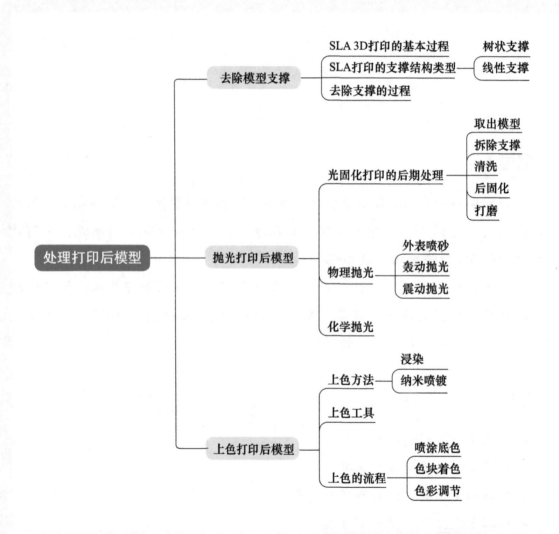

任务 1   去除模型支撑

去除模型
支撑

任务情景

小白同学

3D 打印模型为什么要添加支撑?

模型添加支撑主要是因为模型悬空部分需要生成支撑，否则打印过程中，悬空部分会脱落下来，影响模型打印。跟着我一起学习去除支撑的技巧。

技术老师

技术知识点

1. SLA 3D 打印的基本过程

SLA 激光固化成型技术加工的每一个产品，从最初的造型到最终的加工完成主要经历以下过程。

（1）成型件的三维 CAD 模型

需要打印的模型通过三维建模软件建立起三维的数字化模型，如图 6-1 所示。

常用的三维建模软件：CATIA、UG、3D Max、Pro/E 等。建立好的三维模型转化成 STL 格式的文件（3D 打印常用文件格式），用于后续工作中的支撑及切片的处理。

（2）添加模型支撑

根据 3D 打印成型原理，添加支撑主要是因为模型悬空部分需要生成支撑，否则打印过程中，悬空部分会脱落下来，影响模型打印。模型摆放角度不同，添加支撑的要求也不一样；如果模型没有悬空的部分，可不用生成支撑，直接

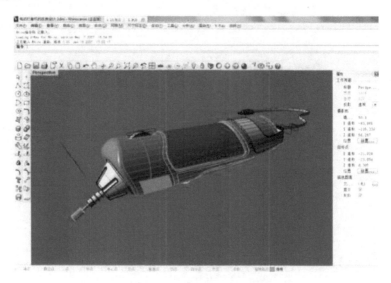

图 6-1   三维数字化模型

对模型进行切片处理。三维模型的支撑添加情况如图 6-2 所示。

（3）三维 CAD 模型数据的切片处理

由于 3D 打印是逐层打印，所以就需要对立体的三维模型进行切片处理，计算机通过每一层的数据，开始逐层打印。将做好支撑的模型导入到切片软件中（不需要支撑的模型可直接导入）进行切片，将切片好的文件导出为 SLC 格式。

（4）实际加工成型

在数据文件的控制下，3D 打印机按照所获得的每层数据信息逐层打印，直到最终完成整个成型件的加工，如图 6-3 所示。

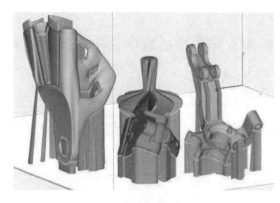

图 6-2   三维模型的支撑添加

图 6-3   三维模型的成型过程

（5）成型件的后处理

打印完成后铝盘会自动上升至设备最高位即机器零点位，双手戴上一次性

PVC 手套取出放在托盘上面的模型，模型请使用铲刀以 45° 的姿势轻轻铲下，使用异丙醇或者高浓度酒精进行清洗，模型洗至无黏滑感即表示清洗干净，清洗后的模型可以放置自然固化也可以放打印机自带的固化箱进行加速固化，进一步提高工件强度。

图 6-4　SLA 打印成型后处理

SLA 打印成型后处理如图 6-4 所示。

2. SLA 打印的支撑结构类型

常见的支撑结构类型有两种：树状支撑和线性支撑。

树状支撑是一种树状结构，支撑模型的悬垂，这种类型的 3D 打印支撑仅在某些点触及突出物，如图 6-5 所示。树状 3D 打印支撑的优点是它更容易移除并且不会过多地损坏悬垂的下侧，但它仅适用于非扁平悬垂，不能为扁平悬伸提供足够的稳定性。

线性支撑是 3D 打印中最常用的支撑类型，这种类型的支撑由垂直支柱组成，可以覆盖整个悬伸部分，如图 6-6 所示。但大面积的覆盖，使拆除支撑的过程困难了许多，容易损伤到模型表面，甚至会损坏到模型。

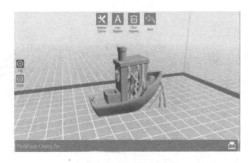

图 6-5　树状支撑

图 6-6　线性支撑

但在以下两种情况下是不需要支撑结构的。

其一，打印字母 Y 的对角 ≤ 45° 时的任何角度，不需要上支撑，也能正确打印，但对角 > 45°，就无法正确打印，如图 6-7 所示。

图 6-7　悬伸特征支撑

其二，高度 ≥ 5mm，且没有上支撑结构时，3D 打印机打印无法正确打印字母 T，字母 T 顶端处出现严重的变形，如图 6-8 所示。在实际应用中，字母 T 与桥梁结构类似，字母 T 的打印高度 < 5mm 的任何值，不需要上支撑，也能正确打印。

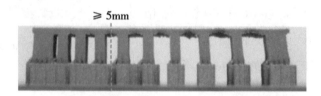

图 6-8 高度为 5mm 字母 T 的打印模型

3. 去除支撑的过程

（1）冲洗零件

当零件从打印机中出来时，它会被未固化的树脂覆盖。必须先冲洗掉它，然后再进行后续处理。

方法：超声波浴。像清洗珠宝首饰的超声波清洗一样，超声波清洗是一种清洗 SLA 产品的专业方法（且价格昂贵）。

（2）移除支撑

接下来，需要去除附加到模型的树状支撑结构，如图 6-9 所示。这可以在固化之前或之后进行，但是在固化之前进行会更容易。要提防塑料飞散的碎片。

图 6-9 去除支撑结构

方法 1：直接断开它们。

如果不担心模型细节，那么手动断开支撑是最快的方法。但是，如果模型具有良好的功能，则最好多加注意。

大体拆除后，如果还有部分残留，可以用笔刀刮干净，一定要注意笔刀的用法——刮和推。不要用力过大损伤模型或者伤到手。

方法 2：使用平头刀具。

对于更复杂的模型，需要使用平头切割器小心地剪掉支架。在不损害模型表面的情况下，尽可能靠近模型。

通过这两种方法，有些小碎片会残留在产品上。这是不可避免的，但只需砂纸和一些耐心即可轻松解决。

（3）固化打印件（图6-10）

方法1：固化灯。

这是一种快速固化模型的廉价且实用的方法。只需将其放在指甲油灯下，放置一整夜。添加转盘可以帮助获得更均匀的曝光。

方法2：太阳能。

在阳光明媚的日子里，将零件放在室外，这样将拥有均匀的紫外线环境，绿色环保。这种方法的缺点是必须慢慢等待，让阳光完成工作。

通过以上这三个步骤，SLA打印件就去除支撑，进入后加工处理环节了。可以直接使用，或者装配，或者根据需要涂漆等。

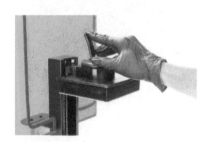

图 6-10　固化打印件

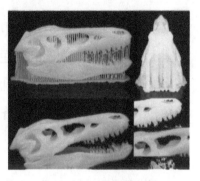

图 6-11　去除支撑

任务实施

3D打印模型完成后，对于模型支撑，较硬或较密集的支撑，用斜口钳、尖嘴镊子去除。去除支撑如图6-11所示。

大体拆除后，如果还有部分残留，可以用笔刀刮干净，一定要注意笔刀的用法，通常用刮和推的方法。笔刀握法如图6-12所示。

图 6-12　笔刀握法

知识拓展

模型印后处理的方法

1. 手工上色

手涂上色简单易学，容易操作。如果想要表面色彩效果好的话，需要涂上一层浅色打底（浅灰色或白色），再涂上主色，以防出现颜色不均匀或反色现象，如图6-13所示。

a）上色前

b）浅色打底

c）上色后

图 6-13 手工上色

2. 喷漆

喷漆，是当前 3D 打印产品主要上色工艺之一。因为油漆附着度较高，所以其适用范围比较广。在色彩光泽度上，受产品原镜面影响，光泽度仅次于电镀和纳米喷镀效果。但作业色彩比较单一，受喷涂技术和油漆干燥度等影响，多色喷涂较困难。喷漆设备如图 6-14 所示。

3. 电镀

电镀就是利用电解原理，在某些金属表面镀上其他金属或合金薄层的过程，具有提高耐磨性、导电性、反光性、抗腐蚀性及增进美观等作用。在颜色上有铬色、镍色、金色三种，且只适用于 ABS 塑料。电镀如图 6-15 所示。

图 6-14 喷漆设备

a）电镀前

b）电镀后

图 6-15 电镀

任务 2　　抛光打印后模型

抛光打印后
模型

➔ 任务情景

小白同学

3D 打印最常用的三类打磨抛光方法是什么？

3D 打印最常用的打磨抛光方法有砂纸打磨、珠光处理和蒸汽平滑，跟着我一起操作吧。

技术老师

➔ 技术知识点

1. 光固化打印的后期处理

光固化打印后，需要进行后期处理。通常的加工方法是：取出模型、拆除支撑、清洗、后固化和打磨。

（1）取出模型

模型打印完毕后，戴着手套用刀具取下模型，放入托盘，用推车运送至后处理工作场所。

（2）拆除支撑

模具进入后处理工作场所后，首先要拆下支架，然后放入酒精清洗（拆卸的支撑建议单独存放），如图 6-16 所示。

（3）清洗

拆除模型支撑后，将模型放入储物箱中，加入酒精浸泡没过整个模型 5 分钟。此时做好防护工作，穿上工作服，戴上口罩和护目镜，开始用排刷清洗模型。清洗完毕后，检查模型界面是否有残余树脂。例如，在某些刷子不能进

a）拆除支撑前的模型   b）拆除的支撑   c）拆除后效果

图 6-16   拆除支撑

入的地方，要再次加入超声波清洗，时间约为 20 分钟。超声波清洗如果具有加热功能，请记住不要打开。酒精是易燃易爆物品，清洗后，用气泵吹干。清洁时，储物箱最好放在工作台上，使工作人员处于站立状态，这样可以避免树脂在清洁过程中溅到皮肤上。另外，酒精是易燃易爆物品，必须存放在防爆箱中。

（4）后固化

模型吹干后，放入烘烤箱中，烘烤约 15 分钟，然后翻模烘烤约 15 分钟。在使用过程中，按下电源启动，设定定时器设备后，再开始工作。

（5）打磨

固化完成后，取出模型放置在工作台上，先用铲子清除在一些结构中剩余的支撑，然后取出砂纸和指套开始磨光。一般来说，没有特殊要求的模型只需磨光支撑面即可。如果需要着色、电镀等技术，需要反复磨光多次，使用从粗到细的砂纸目数，逐步提高模型表面的光滑度，这样涂装效果才完美。

打磨工具如图 6-17 所示。打磨过程如图 6-18 所示。

a）砂纸   b）手板铲刀   c）指套

图 6-17   打磨工具

a）去除剩余支撑　　　　b）砂纸打磨

图 6-18　打磨过程

2. 物理抛光

（1）外表喷砂

外表喷砂是常用的抛光办法，操作人员手持喷嘴对准模型抛光，机器经过高速喷发介质小珠达到抛光作用，珠光处理比打磨要快，一般 10 分钟内即可把外表处理润滑。喷砂工具如图 6-19 所示。

（2）轰动抛光

用轰动抛光机进行抛光。其原理是经过模型与介质之间的磕碰摩擦完成抛光。

图 6-19　喷砂工具

（3）震动抛光

使用震动抛光机进行抛光，或者离心抛光机进行抛光，主要原理是通过介质与模型之间的碰撞摩擦实现抛光。

3. 化学抛光

ABS 材料可用丙酮处理抛光，PLA 不可用丙酮抛光，PLA 用专用的抛光液。化学处理需要留意安全问题，丙酮有毒、易燃易爆、有刺激性，使用时需在通风好的环境下，佩戴防毒面具等安全装备。使用 PLA 抛光液时，将抛光液放入操作器皿后，将模型用铁丝或者绳子挂着模型底座，将模型浸入 PLA 抛光液中 8 秒左右，因不同地区温度和环境影响，根据需要适当调整抛光效果，不宜浸泡太久。PLA 抛光液和丙酮如图 6-20 所示。化学抛光液都有毒性，建议大家谨慎使用。

a）PLA 抛光液   b）丙酮

图 6-20   PLA 抛光液和丙酮

任务实施

3D 打印模型后处理——"镜面"抛光教程

抛光模型如图 6-21 所示。

图 6-21   抛光模型

第 1 步：准备工具材料

准备以下工具：布（眼镜布、卫生纸均可），打磨膏（粗目、细目、极细目）5000 号砂纸，水蜡，如图 6-22 所示。

第 2 步：模型喷光油

在做抛光之前，要先给车模喷色，然后喷光油。光油要多喷几层，因为喷薄了在打磨的时候就容易磨穿，那样就前功尽弃了，一般喷 6~7 层。

光油喷完后，就等晾干，晾得越久效果越好。一般都是晾一个星期左右，图 6-23 中，车壳喷了 7 层光油，晾了 3 天。

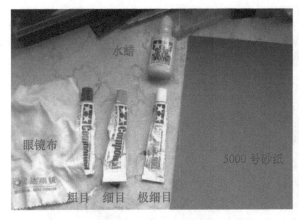

图 6-22　准备材料

图 6-23　喷光油

光油干燥后，表面会出现像橘皮一样的褶皱，抛光的第一步也是最重要的一步，就是将这些褶皱磨掉，将表面打磨平滑。这一步决定了这次抛光的成败，所以一定要用心来完成。

第 3 步：水砂纸打磨

将砂纸沾水打磨（图 6-24）。为什么要将砂纸沾水呢？

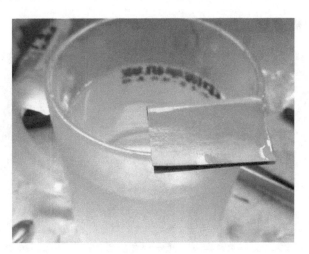

图 6-24　砂纸沾水

这里有两点原因，一是因为砂纸是 5000 号，非常细，在不沾水的情况下，磨两下就光了，没有效果；二是即使是 5000 号砂纸不沾水，在打磨的时候还是会出现划痕，伤害到光油表面。

沾水后就可以开始打磨了，打磨的时候力度不要太大，可以画圈式磨，也可以平行地来回打磨。如果表面凹凸不平，则要继续打磨。

打磨车模前后的对比如图 6-25 所示。

a）打磨前　　　　　　　　　　　　　　　　b）打磨后

图 6-25　打磨车模前后的对比

车模只要磨到表面光滑平顺就可以了。

第 4 步：打磨膏抛光

然后就开始抛光，首先登场的是粗目打磨膏，也叫作抛光膏，如图 6-26 所示。

涂抹打磨膏到需要打磨的地方，如图 6-27 所示。

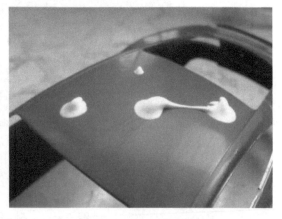

图 6-26　粗目打磨膏　　　　　　　**图 6-27　涂抹打磨膏**

然后用布或纸巾来回地打磨，如图 6-28 所示。之后，分别用细目打磨膏、极细目打磨膏抛光车模，打磨膏抛光的效果是可以看到光泽的。

图 6-28　打磨车模

知识拓展

如何高效去除支撑

一般情况下，支撑结构使用的材料与模型的材料是不同的，它采用的是容易去除的特殊材料，3D 打印机比较容易去除的支撑材料有：溶于水的凝胶状支撑材料，溶于碱性溶液的支撑材料，溶于酒精的支撑材料等。

采用这些特殊材料作为支撑结构的 3D 打印模型，只要把它放入到水、碱性溶液或者酒精等 3D 打印特定溶液中就可以自行脱掉支撑了，但一般这些支撑材料要比模型的材料贵一些。光固化型树脂液面位置的 RP（快速成型）装置的立体模型与支撑部分采用了相同的材料，采用缩小立体模型与支撑部分的边界面等方法就可以轻松地去除掉支撑。

简单的抛光方法

最简单的方法是火烤法，不需要设备，只需要一只打火机就可以对模型表面进行简单的抛光处理。具体如何操作呢？方法很简单，就是用火将毛刺烧平。值得注意的是，用火烧 ABS 时要注意安全，更要注意通风，ABS 烧起来有一定的气味，还有就是避免引起火灾。

任务 3　上色打印后模型

➢ 任务情景

小白同学

使用喷漆法上色，模型需要多久的等待时间呢？

喷涂后需要晾晒和细节处微调，所以需要 3~4
个小时。

技术老师

➢ 技术知识点

1. 上色

打印完成后，模型的颜色还是材料的颜色。模型可通过后期上色来增加美观性。上色往往是模型产品抵达完工前的"最后 1 公里"，也是 3D 打印模型后期处理的重要环节。ABS 塑料、光敏树脂、尼龙、金属等不同材料需要使用不一样的颜料上色。

2. 上色方法

1）浸染作为 3D 打印产品的上色工艺之一，只适用于尼龙材料。在颜色的多样性上，纯色浸染较为灰暗，且以单色为主。且光泽度是最低的。浸染上色如图 6-29 所示。

2）纳米喷镀。纳米喷镀是目前世界上最前沿的高科技喷涂技术，它是采用专用设备和先进的材料，应用化学原理通过直接喷涂的方式，使被涂物体表面呈现金、银、铬等各种镜面高光效果。纳米喷镀如图 6-30 所示。

图 6-29　浸染上色

图 6-30　纳米喷镀

3. 上色工具

常见的上色工具有：毛笔、喷枪、气泵、排风扇、颜料、稀释剂、洗笔剂、调色皿、滴管、不粘胶条、纸巾、棉签、细竹棒、转台等。常用上色工具如图 6-31 所示。

图 6-31　常用上色工具

4. 上色的流程

1）喷涂底色。整个过程中，选择贴近成品颜色的底漆，用喷枪进行喷涂。底漆通常用于薄涂层和逐层涂敷，细节部位和与总体颜色对比度大的部位可先预留，不喷涂。

2）色块着色。通常情况下，着色应按照较大面积尺寸的工艺，从喷涂到手绘，这有助于提高效率，先喷涂大面积色块，再手工绘制小面积色块，喷涂和手工绘制完成总体色彩渲染。

3）色彩调节。喷淋点缀环节主要包括层层叠加、重叠色彩、覆盖染色、渐变、过渡等色彩调节，强调色彩构造和细节。

🔗 任务实施

经过 3D 打印机打印出来的刀具模型是白色的，如图 6-32 所示。这明显不是想要达到的效果。

1）喷底漆。目的是检查缺陷，统一底色改善面漆发色和增强面漆附着力。喷底漆如图 6-33 所示。

2）打磨。如果喷的底漆几乎被磨掉了，就再喷一次底漆，打磨后的模型如图 6-34 所示。

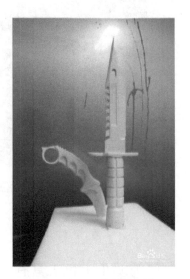

图 6-32　刀具模型

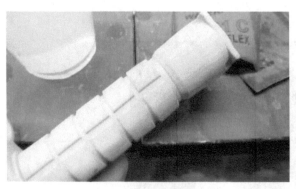

图 6-33　喷底漆

图 6-34　打磨后的模型

3）喷面漆。检查底漆漆面，确定没有问题开始上面漆，先喷刀把的面漆，如图 6-35 所示。

待刀把面漆干了之后，用遮盖胶带把刀把部分盖住，喷红色面漆，喷完红色的模型如图 6-36 所示。

图 6-35　喷刀把的面漆

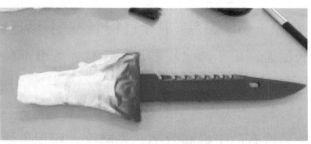

图 6-36　喷红色面漆

下一步喷深红色面漆，需要用笔刀裁剪遮盖胶带把红色区域盖住。先截取一段遮盖胶带贴在工作台上，把笔刀换上锋利的新刀片，然后在遮盖胶带上画出想要的形状，然后贴在刀身上。贴完后喷上深红色油漆，如图 6-37 所示。

撕遮盖一定要慢，不然容易损坏漆面，尤其是遮盖了好几天的漆面粘得会非常牢固，如图 6-38 所示。

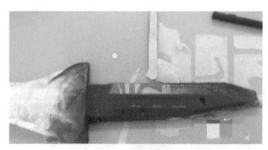 

图 6-37　喷深红色油漆　　　　　　　图 6-38　撕遮盖

用铅笔进行做旧处理，如图 6-39 所示。刀具成品如图 6-40 所示。

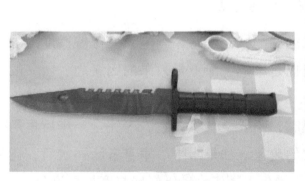 

图 6-39　做旧处理　　　　　　　图 6-40　刀具成品

知识拓展

3D 模型上色方法——手涂法

在调色时，为了颜料更流畅，色彩更均匀，可以用吸管滴入一些同品牌的溶剂在调色皿里进行稀释。

稀释时，根据涂料情况，配合不同量稀释液。让笔充分吸收颜料，在调色皿边缘刮去多余颜料。并不是所有的模型都一沾即可，根据颜料浓度不同，有的需要稀释一些才能进行手涂。

手涂时如果浓度不正确，模型的表面会很厚。在移动时应朝扁平面刷动，下笔时由左至右，移动时要保持手的稳定和力道，笔刷和模型表面的倾斜约70°，轻轻地涂，让颜料自然流在表面上，动作越轻笔痕越不明显，效果越好，如图 6-41 所示。

图 6-41   手涂法

上色过程中，尽量保持画笔在湿润的状态进行，画笔只有保持适度的含漆量，才能有均匀的笔迹。干燥时间也是影响手涂上色效果的因素之一。一般等第一层快干的情况下再上涂第二层，这样容易消除笔痕。

当遇到能明显看出笔痕的情况时，不要急着擦掉它，等完全干燥后再用一次十字交叉涂法，就能消除不均匀的现象。如果水平、垂直各涂一次后，还呈现出颜色不均匀的现象，待其完全干燥后，用细水砂纸轻轻打磨掉再涂色。

涂漆常会遇到这种情形。就是涂了几层在模型上面，颜色看起来还是不均匀，这种情况跟涂了几层漆往往没有太大关系，这是底色的问题。有些颜色的遮盖力比较弱（如白、黄、红），底层的颜色容易反色。

为避免这种情况，最好是先涂上一层浅色打底（浅灰色或白色），再涂上主色。为了避免表面堆积的油漆过厚，用喷枪上色，效果更理想。手工涂漆时最忌讳胡乱下笔，这种方式非常容易产生难看的笔刷痕迹，并且使油漆的厚度不均匀，使模型表面看起来效果十分不理想。

🍮 项目实践

学生完成 3D 打印技术应用工作手册的"项目 6 打印恐龙模型",记录计划实施的完成情况,填写质量检查。

学生完成"项目 6 打印恐龙模型"后,开展评价反馈,完成思考与练习。在实训成绩单中,进行自我评分、教师评分和学生评分。

项 目 总 结

本项目学习了拆除支撑的流程和注意事项,去除支撑首先冲洗零件,再去除支撑,最后固化打印件。模型上色方法可以分为纯手工、喷漆、电镀等。手工上色简单易学、易操作;喷漆,是当前 3D 打印产品主要上色工艺之一;电镀是利用电解原理,在某些金属表面上镀上一薄层其他金属或合金的过程。物理抛光有外表喷砂、轰动抛光、震动抛光和化学抛光。打印完成后,模型可通过后期上色增加美观性。ABS 塑料、光敏树脂、尼龙、金属等不同材料需要使用不一样的颜料上色。

参考文献

［1］宋闯，周游. 3D打印建模·打印·上色实现与技巧：UG篇［M］. 北京：机械工业出版社，2017.

［2］孙水发，李娜，董方敏，等. 3D打印逆向建模技术及应用［M］. 南京：南京师范大学出版社，2016.